WERKSTATTBÜCHER
FÜR BETRIEBSFACHLEUTE, KONSTRUKTEURE UND STUDIERENDE
HERAUSGEBER DR.-ING. H. HAAKE, HAMBURG

===== HEFT 64 =====

Angewandte Metallographie

Von

Egon Kauczor
Hamburg

Vierte völlig neubearbeitete Auflage
des vorher von Dr.-Ing. **Otto Mies** † verfaßten Heftes
„Metallographie, Grundlagen und Anwendungen"

(19. bis 24. Tausend)

Mit 94 Abbildungen

Springer-Verlag
Berlin / Göttingen / Heidelberg

1962

Inhaltsverzeichnis

	Seite
Vorwort	3
Einleitung	3

A. **Aufhärtung** 6
Schweißen von Stahl, Lichtbogen-Fugenhobeln, unsachgemäßes Schweißen

B. **Aufkohlung** 10
Einsatzstähle, falsche Einstellung der Flamme beim Autogenschweißen, Schweißen an einer Gasleitung unter Betriebsdruck, Kaltschweißen von ferritischem Sphäroguß

C. **Druckwasserstoff** 16
Chemische Vorgänge bei Stahl, Zerstörung eines Rohres aus unlegiertem Stahl

D. **Entzinkung** 17
Lagen-, Pfropfen-, interkristalline Entzinkung

E. **Interkristalline Korrosion (Kornzerfall)** 21
Historische Gefäße, korrosionsbeständige Chromnickelstähle, ferritische Chromstähle, austenitische Auftragsschweißung. Maßnahmen zur Bekämpfung des Kornzerfalls

F. **Korngrenzenzementit** 28
Entstehung, Versprödung eines Stahlbleches, Rückbildung beim Schweißen, die verschiedenen Zementitarten

G. **Lötbrüchigkeit** 30
Löten, Ausgießen von Lagerschalen, Heißlaufen von Wellen, Schweißen

H. **Perlitzerfall** 33
Glühen von Sphäroguß, Graugußventile

J. **Spannungsrißkorrosion** 34
Messing, Laugensprödigkeit kohlenstoffarmer Stähle, austenitische Stähle

K. **Spongiose** 39
Vermutliche Ursachen, Wasserrohr aus Grauguß

L. **Stickstoffalterung des Stahles** 40
Ursachen, gebrochener Gerüstbügel, Verbesserung der Eigenschaften von Legierungen

M. **Wärmespannungsrisse** 42
Zerstörung eines Flammrohres

N. **Wasserstoffkrankheit des Kupfers** 43
Das System Kupfer-Kupferoxydul, chemische Vorgänge in kupferoxydulhaltigem Kupfer bei Einwirkung von Wasserstoff, Wasserstoffkrankheit in der Praxis

Schrifttum 47

ISBN-13: 978-3-540-02924-3   e-ISBN-13: 978-3-642-85601-3
DOI: 10.1007/978-3-642-85601-3

Die Wiedergabe von Gebrauchsnamen, Handelsnamen, Warenbezeichnungen usw. in diesem Buche berechtigt auch ohne besondere Kennzeichnung nicht zu der Annahme, daß solche Namen im Sinne der Warenzeichen- und Markenschutz-Gesetzgebung als frei zu betrachten wären und daher von jedermann benutzt werden dürften. Alle Rechte, insbesondere das der Übersetzung in fremde Sprachen, vorbehalten. Ohne ausdrückliche Genehmigung des Verlages ist es auch nicht gestattet, dieses Buch oder Teile daraus auf photomechanischem Wege (Photokopie, Mikrokopie) zu vervielfältigen.

Vorwort

In den ersten drei Auflagen dieses Buches (1937, 1942 u. 1949) hatte der Verfasser Dr.-Ing. OTTO MIES (gest. 8. 2. 1949) unter dem Titel ,,Metallographie, Grundlagen und Anwendungen" besonders knapp gefaßt das ganze Gebiet der Metallographie behandelt. Die Entwicklung und Bedeutung dieses Sondergebietes der Materialprüfung machten es notwendig, Stoff und Darstellung zu erweitern. So entstanden in den letzten Jahren die beiden Hefte 121: ,,Metall unter dem Mikroskop" als Einführung in die metallographische Gefügelehre und 119: ,,Metallographische Arbeitsverfahren" als Anleitung für die Labor-Praxis. Diesen beiden Büchern schließt sich nun diese vierte Auflage des Heftes 64 mit völlig neuem Inhalt unter dem neuen Titel ,,Angewandte Metallographie" an. Sie soll – aus der Praxis für die Praxis – an Beispielen, ausgewählt aus sehr vielen Schadensfall-Untersuchungen, zeigen, wie man metallographische Kenntnisse dazu verwenden kann, vorgekommene Schadensfälle aufzuklären und zukünftige zu verhüten.

Vorausgesetzt wird, daß dem Leser die Grundlagen der metallographischen Gefügelehre (Heft 121) und der metallographischen Labor-Arbeit (Heft 119) bekannt sind und daß er einige Kenntnis der übrigen Werkstoffprüfverfahren besitzt (mechanisch, zerstörungsfrei usw., s. Werkstattbuch Heft 34: RIEBENSAHM-SCHMIDT, ,,Werkstoffprüfung, Metalle").

Eine besondere Aufgabe des vorliegenden Buches ist es, den Leser beim Suchen nach der Lösung eines Problems schnell auf den richtigen Weg zu lenken. Zur endgültigen Klärung wird dann häufig noch das Studium umfangreichen Sonderschrifttums nötig sein, wie es auch, bezogen auf die hier behandelten Beispiele, am Schluß zusammengestellt ist.

Danken möchte der Verfasser dem Leiter des Werkstoffprüfamtes Hamburg, Herrn Dr.-Ing. WILLY GÖTSCHENBERG für sein bereitwilliges Entgegenkommen bei der Benutzung des Archivs und seine wertvolle Unterstützung und ferner den Kolleginnen und Kollegen des Werkstoffprüfamtes wie auch aus der Hamburger Industrie für viele nützliche Ratschläge und praktische Hilfe.

Einleitung

Seit H. C. SORBY 1886 seine Schrift über ,,Mikroskopische Studien an Meteoriten und an Eisen und Stahl" und damit die erste metallographische Veröffentlichung erscheinen ließ, ist mehr als ein halbes Jahrhundert vergangen. Die Metallographie ist inzwischen ein allgemein anerkanntes Wissensgebiet geworden, das heute aus der Technik nicht mehr wegzudenken ist.

Leider herrscht noch oft die Meinung, daß für metallographische Untersuchungen ein umfangreiches Speziallaboratorium nötig ist. Das trifft nur teilweise zu. Wie die Beispiele in diesem Buche zeigen, kann eine ganze Anzahl vor allem *makroskopischer* Untersuchungen mit sehr einfachen Mitteln durchgeführt werden. Wesentlich ist natürlich, daß man das, was man sichtbar macht, auch deuten kann.

Auch für *mikroskopische* Untersuchungen ist nicht immer ein großes Metallmikroskop nötig. So haben neuzeitliche Geräte für Härteprüfungen nach VICKERS meist eine Auflichtoptik, die einfache metallographische Beobachtungen in einem

Härtereibetrieb möglich macht. So kann z. B. eine Härterei, der vorgeworfen wird, daß von ihr gehärtete Fräser aus Schnellstahl an den Schneiden ausbrechen, Bruch-

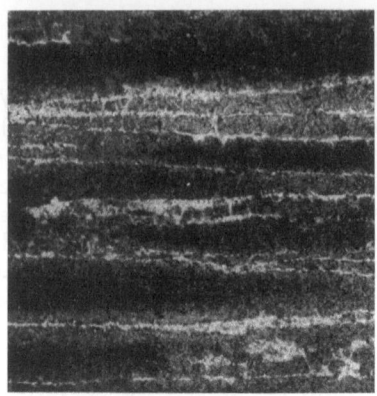

100:1
Abb. 1. Ungünstige Karbidverteilung in einem Schnellstahl. Um die Karbidzeilen deutlich zu zeigen, wurde die martensitische Grundmasse kräftig mit 10%iger alkoholischer Salpetersäure geätzt

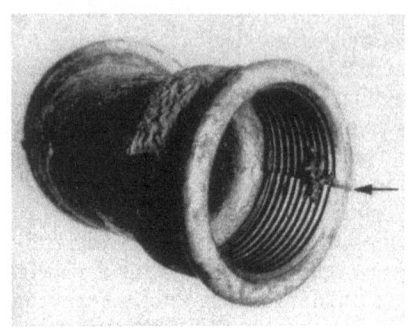

1:2
Abb. 2. Gerissener Tempergußfitting

stücke eines beschädigten Fräsers ohne großen Aufwand untersuchen und damit vielleicht schon die Fehlerursache aufklären.

Durch zusammenhängende Karbidzeilen (Abb. 1) können — besonders bei feinschneidigen Fräsern — die Schneiden leicht ausbrechen. Karbidzeilen in Schnellstählen lassen sich durch Wärmebehandlung nicht beseitigen, da die Karbide sich unterhalb des Schnellstahl-Schmelzpunktes nicht lösen. Nur durch gründliche Zertrümmerung beim Walzen oder Schmieden kann eine gleichmäßige Verteilung der im Gußblock netzförmig angeordneten Karbide erreicht werden [36].[1]

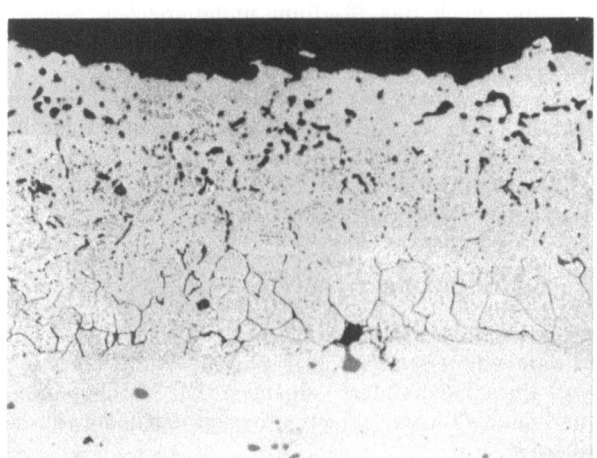

Abb. 3. Kante des alten Risses (ungeätzt)   200:1

Ein weiteres Beispiel soll zeigen, wie es bei einem Schadensfall möglich war, durch mikroskopische Untersuchung den Zeitpunkt der Entstehung eines Risses zu ermitteln.

Der Fitting (Abb. 2) aus weißem Temperguß war an der mit ← bezeichneten Stelle längs aufgerissen. Es sollte durch metallographische Untersuchung festgestellt werden, ob dieser Riß schon vor der Verwendung vorhanden war, oder ob der Fitting erst durch unsachgemäßen Einbau gerissen ist.

---

[1] Die zwischen eckigen Klammern stehenden Zahlen verweisen auf das Schrifttum am Schluß des Buches.

Zur Untersuchung wurde der Fitting gewaltsam in Fortsetzung des alten Risses auseinandergebrochen. Durch je einen Mikroschliff quer zur Bruchkante des alten Anrisses und des neuen Gewaltbruches ergab sich folgendes:

Die Bruchkante des alten Risses zeigte im ungeätzten Mikroschliff (Abb. 3) deutlich Glühhaut (verbrannte Haut). Sie entsteht leicht beim entkohlenden Glühen in sauerstoffabgebender Packung und läßt sich bei der Herstellung des weißen Tempergusses kaum ganz vermeiden.

Im ebenfalls ungeätzten Mikroschliff des neuen, bewußt erzeugten Gewaltbruches (Abb. 4) konnte an der Bruchkante diese Erscheinung nicht beobachtet werden. Der fragliche Riß muß also schon vorhanden gewesen sein, bevor der Fitting getempert wurde.

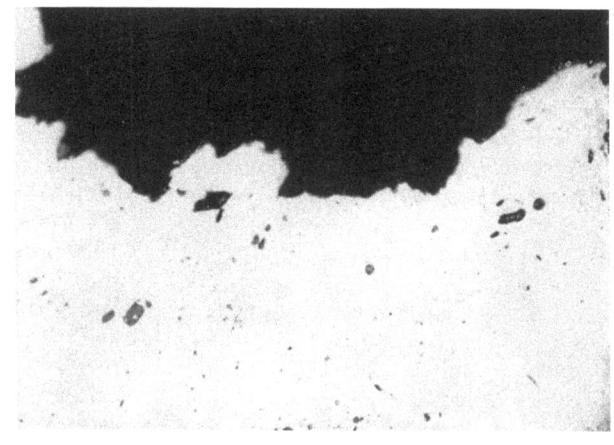

Abb. 4. Kante des neuen Risses (ungeätzt)   200 : 1

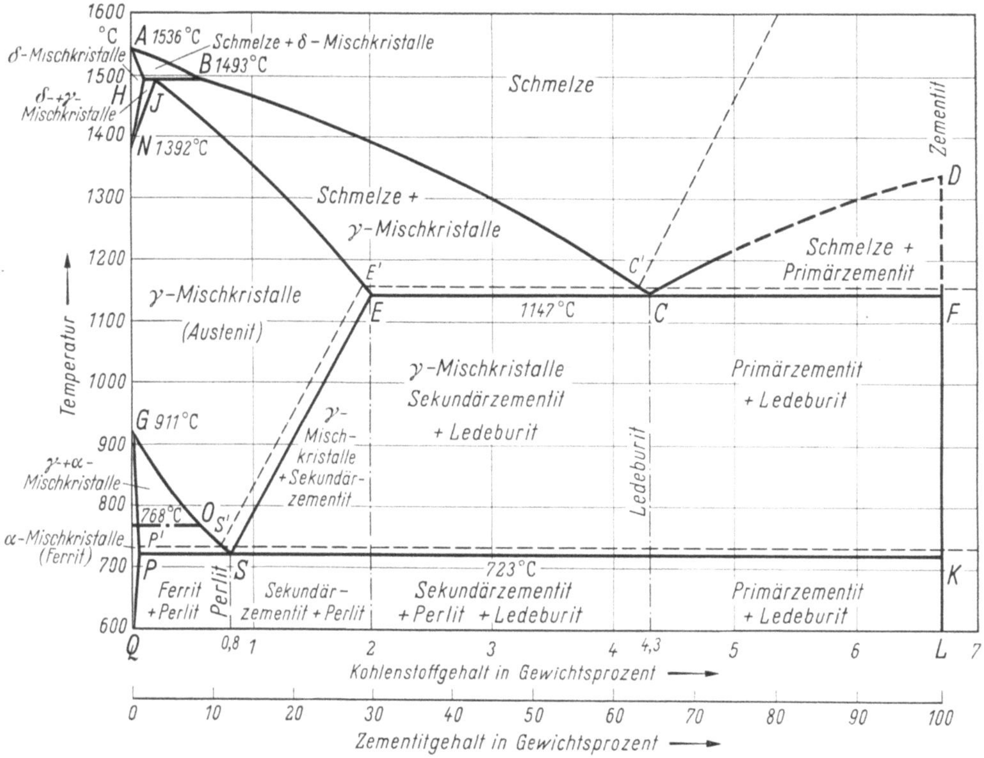

Abb. 5. Das Zustandsschaubild Eisen—Kohlenstoff

Um im begrenzten Rahmen dieses Büchleins keinen Platz zu verlieren, sind die weiteren Beispiele ohne überleitende Texte aneinandergereiht.

Das Zustandschaubild Eisen-Kohlenstoff wird aus Heft 121 als bekannt vorausgesetzt. Damit es dem Leser aber schnell zur Hand ist, wenn im Text Punkte oder Linien daraus erwähnt werden, wird das Diagramm hier nochmals wiedergegeben (Abb. 5). Das ursprünglich von F. Körber, W. Oelsen, H. Schottky und H. J. Wiester aufgestellte Schaubild wurde nach neueren Forschungsergebnissen abgeändert [6].

A. Aufhärtung

Beim *Schweißen* von *Stahl* wird in der Umgebung der Schweißnaht der Grundwerkstoff kurzfristig über den Ac_3-Punkt erhitzt. Besonders, wenn große, kalte Stücke *elektrisch* geschweißt werden, wird die Wärme dabei schnell wieder abgeleitet und so die erwärmte Zone abgeschreckt. In der Schweißübergangszone entsteht dadurch bei Stählen mit höherem Kohlenstoffgehalt (etwa 2,5% und mehr) ein Gefüge mit wesentlich größerer Härte als der des Grundwerkstoffes. Diese harten Stellen sind häufig wegen ihres geringen Formänderungsvermögens nicht in der Lage, die unvermeidlichen Schweißspannungen aufzufangen und reißen ein. Beim *Gasschweißen* wird der Grundwerkstoff stärker erwärmt. Die Gefahr der Aufhärtung ist deshalb geringer.

Abb. 6 zeigt einen Makroschliff aus einer ohne Vorwärmung hergestellten Schweißverbindung an einem unlegierten Stahl mit 0,43% Kohlenstoff. Die aufgehärtete Zone unter der Schweißnaht ist durch das Ätzmittel besonders stark angegriffen worden. Die senkrechten Hilfslinien der graphischen Darstellung wurden aus den im Makrobild sichtbaren Eindrücken des Vickersdiamanten herausgezogen. Wie das Diagramm zeigt, wurde in der aufgehärteten Zone eine Vickershärte von $HV\,10 = 343$ kp/mm^2 gemessen.

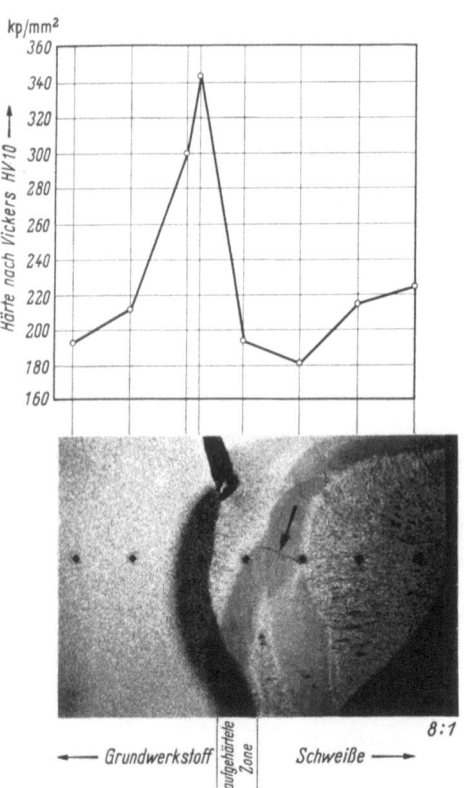

Abb. 6. Aufhärtung unter einer Schweißnaht an einem unlegierten Stahl mit 0,43% Kohlenstoff
(Ätzmittel: 10%ige alkoholische Salpetersäure)

Durch die Volumenunterschiede der verschiedenen Gefügezustände bedingt, treten in der Umgebung der aufgehärteten Zone neben den schon vorhandenen Schweißspannungen noch hohe Mikrospannungen auf. Schweißgut mit geringem Formänderungsvermögen ist häufig nicht in der Lage, diese Spannungen aufzunehmen. Es können dann, durch die Kerbwirkung von Einbrand- und Wurzelkerben unterstützt, auch leicht Risse in der Schweißnaht entstehen. Der in Abb. 6 gezeigte Riß (↙) geht nicht von einer Kerbe aus. Es handelt sich hier um einen sogenannten „Unternahtriß".

Nach praktischen Erfahrungen liegt bei einem gewöhnlichen Baustahl die äußerste zulässige Grenze für die Aufhärtung bei einer Vickershärte von etwa 350 kp/mm^2 [20].

Rißbegünstigende Aufhärtungserscheinungen, die knapp über der zulässigen Grenze liegen, kann man beim Elektroschweißen vermindern, wenn man eine

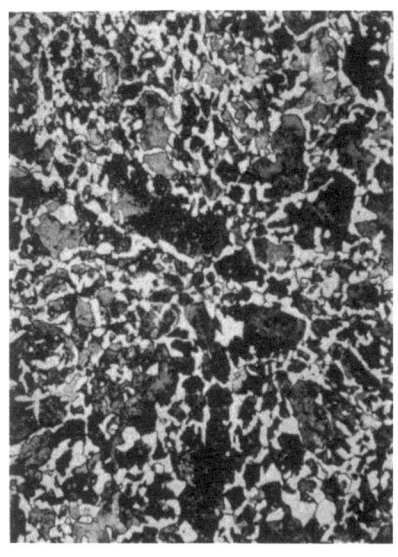

200 : 1
Abb. 7. Mangan-Silizium-Stahl mit 0,45% C — 1,08% Mn — 0,71% Si. Unbeeinflußter Blechwerkstoff. Härte nach VICKERS HV 10 = 220 kp/mm²

200 : 1
Abb. 8. Beim Schweißen unter 100° Vorwärmung aufgehärtete Zone unter der Schweißnaht. HV 10 = 460 kp/mm²

200 : 1
Abb. 9. Die gleiche Zone wie in Abb. 8 nach Schweißen unter 300° Vorwärmung. HV 10 = 320 kp/mm²

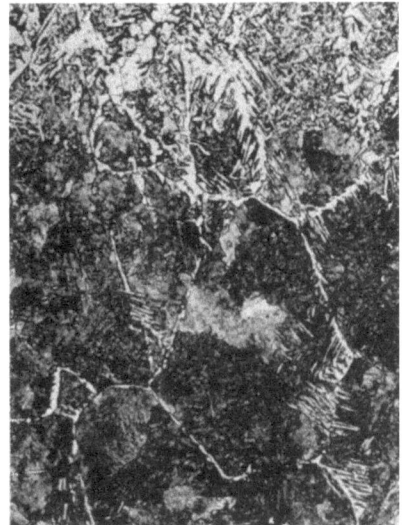

200 : 1
Abb. 10. Die gleiche Zone nach Schweißen unter 500° Vorwärmung. HV 10 = 300 kp/mm² (Ätzmittel: 2%ige alkoholische Salpetersäure)

dickere Elektrode benutzt, vor allem bei der Wurzellage, deren Wärme besonders schnell abgeleitet wird. Das dadurch stärker erwärmte Grundmaterial schützt die gefährdete Zone vor zu schneller Abkühlung.

Bei höheren Kohlenstoffgehalten und vor allem bei legierten Stählen, die wesentlich härtefreudiger sind, genügen solche einfachen Mittel nicht mehr. Will man beim Schweißen solcher Stähle Aufhärtung vermeiden, muß man das Werkstück zum Schweißen anwärmen (unter Vorwärmung schweißen).

Abb. 7 zeigt das normale Gefüge eines schlecht schweißbaren, niedrig legierten Mangan-Silizium-Stahles. Beim Schweißen dieses Stahles hat sich unter der Schweiße im Grundwerkstoff, trotz Vorwärmung auf 100 °C, Martensit gebildet (Abb. 8). Abb. 9 zeigt, daß sich bei 300° Vorwärmung das Gefüge in der Übergangszone zwar auch noch verändert hat, die Abschreckwirkung jedoch wesentlich geringer war. Die Übergangszone besteht jetzt zum größten Teil aus Zwischenstufengefüge mit einer Vickershärte von 320 kp/mm². Bei 500° Vorwärmung findet die Umwandlung überwiegend in der Perlitstufe statt, wie der große Anteil an Abschrecksorbit (sehr feinstreifiger Perlit) in Abb. 10 zeigt. Der Härteabfall gegenüber der 300°-Vorwärmung ist nur noch gering (20 kp/mm²). Eine Vorwärmung auf mehr als 300 °C ist demnach in diesem Falle kaum noch sinnvoll. Abgesehen von den höheren Kosten wird mit steigender Vorwärmtemperatur die Arbeit für den Schweißer immer unangenehmer.

Mit Aufhärtungserscheinungen muß auch beim *Lichtbogen-Fugenhobeln* von Stahl gerechnet werden. Bei diesem Verfahren werden Fugen ausgeschnitten, um Risse in Schweißnähten zu beseitigen oder die Wurzelseite von Schweißnähten auszufugen. Hierbei wird eine mit einem Kupfermantel umhüllte Kohleelektrode an den Pluspol eines Gleichstrom-Schweißgerätes angeschlossen und ein Lichtbogen erzeugt, wodurch die zu fugende Stelle wie beim Schweißen — aber ohne Zusatz — aufgeschmolzen wird. Gleichzeitig wird Preßluft, neuerdings auch Kohlendioxyd, parallel zur schräg geführten Kohle zugeleitet und damit das flüssige Metall aus der Fuge geblasen [5].

Das Lichtbogen-Fugenhobeln geht sehr schnell vor sich, so daß nur im Bereich der Fuge kurze Zeit große Hitze herrscht. Das übrige Werkstück wird nur wenig erwärmt.

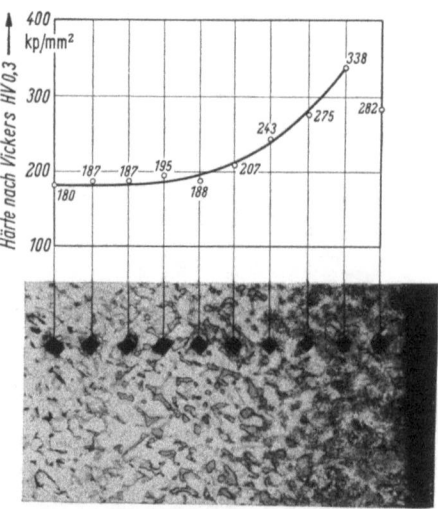

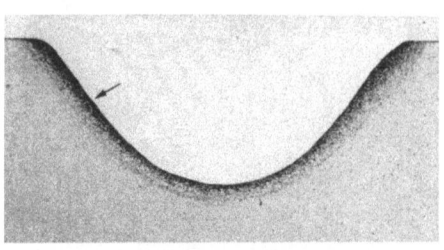

Abb. 11. Querschliff aus einer elektrisch gehobelten Fuge in einem St 42-Blech 5:1
(Ätzmittel: 10%ige alkoholische Salpetersäure)

Abb. 12. Mikrogefüge und Vickershärte der aufgehärteten Zone bei ∡ in Abb. 11 50:1
(Ätzmittel: 2%ige alkoholische Salpetersäure)

Die Gefahr von Wärmespannungen ist deshalb gering. Die große Abkühlungsgeschwindigkeit führt aber im Bereich der Fuge zu Aufhärtungserscheinungen.

Bei dem in den Abb. 11 und 12 gezeigten Beispiel einer elektrisch gehobelten Fuge in einem St 42-Blech ist die Härtesteigerung noch tragbar. Risse waren hier noch nicht entstanden. Die Aufhärtung wird beim Verschweißen der Fuge wieder rückgängig gemacht. Bei härtefreudigeren Stählen kann Rißbildung durch zu starke Aufhärtung beim Fugenhobeln durch Vorwärmen des Werkstückes verhindert werden.

Beim autogenen Fugenhobeln ist die Gefahr der Aufhärtung geringer, jedoch muß die stärkere Erwärmung des Werkstückes in der weiteren Umgebung der Fuge in Kauf genommen werden.

Die Tatsache, daß in dem Beispiel Abb. 11 und 12 die Härte unmittelbar an der Fugenoberfläche geringer ist, als $^1/_{10}$ mm darunter, deutet darauf hin, daß die Oberfläche der Fuge durch den Preßluftstrom geringfügig entkohlt wurde.

Versuche haben gezeigt, daß eine Aufkohlung der Oberfläche durch die Kohleelektrode nicht zu befürchten ist, da der Abbrand vor allem in die Schlacke geht. Diese kohlenstoffreiche Schlacke muß besonders sorgfältig entfernt werden, um ein Aufkohlen und eine Aufhärtung des Schweißgutes durch Schlackenreste zu verhindern [5].

Einen großen Schaden, der durch *unsachgemäßes Schweißen* eines schweißempfindlichen Werkstoffes entstanden ist, schildert das folgende Beispiel:

An einem *Schiffsgetriebe* bemerkte das Bordpersonal während der Fahrt, daß der aufgeschrumpfte Zahnkranz eines Getrieberades rutschte. Um weiteres Rutschen zu verhindern, wurden im nächsten Hafen Gewindedübel zwischen Radkörper und Zahnkranz gesetzt (Abb. 13). Für die Bohrarbeit wurde behelfsmäßig eine Vorrichtung am Zahnkranz selbst und am Radkörper angebracht und stellenweise elektrisch angeschweißt. Auch die Gewindedübel wurden zusätzlich mit der Stirnfläche des Zahnkranzes verschweißt. Während des weiteren Betriebes traten große Schäden durch Anrisse und Ausbrüche aus dem Zahnkranz auf (Abb. 14).

Der Zahnkranz war aus Stahl C 35 gefertigt. Sämtliche Risse und

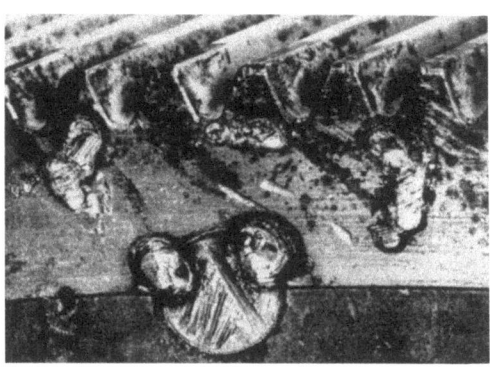

1 : 2
Abb. 13. Zwischen Radkörper und Zahnkranz eingesetzter Gewindedübel. Mit den Punktschweißstellen an den Zähnen wurde die Bohrvorrichtung gehalten

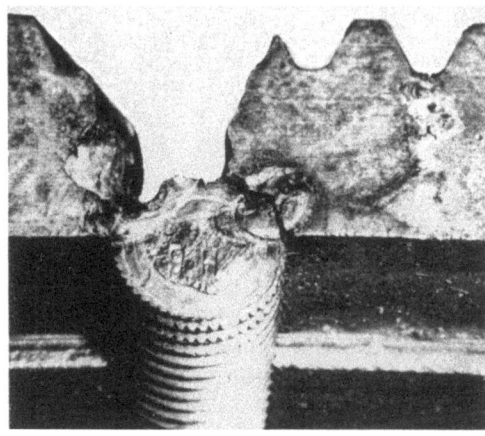

1 : 1,5
Abb. 14. Zahnkranzausbruch an einer Verdübelungsstelle

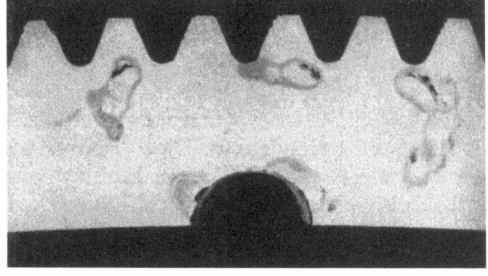

etwa 1 : 2
Abb. 15. Makroschliff eines Zahnkranzstückes. Punktschweißstellen für Bohrvorrichtung und Dübelhaltung und aufgehärtete Zonen durch Ätzung mit 10%ige alkoholischer Salpetersäure sichtbar gemacht

Brüche lagen in den Schweißgebieten. Der Werkstoff C 35 ist als schweißempfindlich bekannt. Besonders, wenn, wie in diesem Falle, nur kleine Flecken auf Umwandlungstemperatur gebracht werden und die Wärme durch den großen Radkörper schnell abgeführt wird, kommt es zu Aufhärtungs- und Versprödungserscheinungen (Abb. 15). Unter Mitwirkung der unvermeidlichen Schweißspannungen haben sich dann in der Umgebung der Schweißstellen Risse gebildet (Abb. 16 u. 17). Außerdem wurde schlecht geschweißt, wodurch zahlreiche Einbrandkerben entstanden. Einbrandkerben bedeuten Spannungserhöhung, so daß beim Zusammenwirken von Bandagen-Schrumpf-

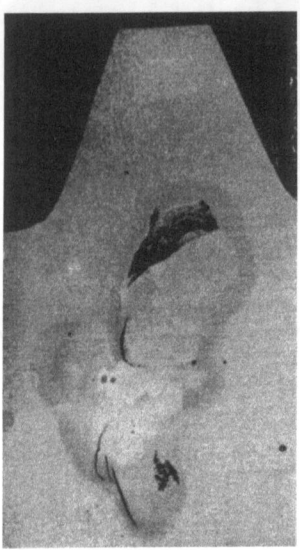
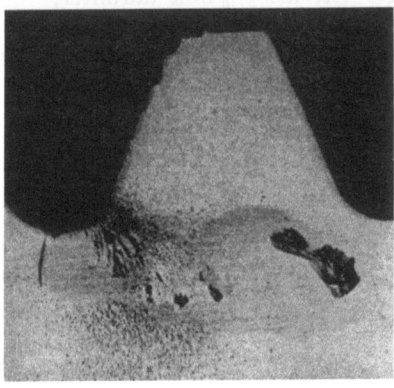

etwa 2 : 1
Abb. 16. Risse in einer Punktschweißstelle durch magnetische Durchflutung sichtbar gemacht

etwa 2 : 1
Abb. 17. Durch magnetische Durchflutung sichtbar gemachte Risse im Zahnfußgebiet

spannungen, Schweiß-Schrumpfspannungen und der durch die Einbrandkerben bewirkten Spannungserhöhung das Auftreten von Spannungsrissen in den durch die Aufhärtung versprödeten Stellen kein Wunder war. Besonders nachteilig hat sich die Tatsache ausgewirkt, daß die Schweißheftstellen für die Bohrvorrichtung sogar unmittelbar an die Zahnfüße gesetzt wurden, was als sehr gefährlich und unverantwortlich bezeichnet werden muß. Wegen der Schweißempfindlichkeit des Stahles C 35 ist an sich schon mit Aufhärtungsrissen zu rechnen. Läuft aber ein solcher Anriß in den Zahnfuß, so erweitert er sich unter der zusätzlichen Betriebsbeanspruchung des Getriebes im Laufe der Zeit unweigerlich zum Dauerbruch.

B. Aufkohlung

Stahl ist durch das große Lösungsvermögen der γ-Mischkristalle für Kohlenstoff in der Lage, bei Temperaturen oberhalb Ac_3 aus kohlenoxydhaltiger Umgebung Kohlenstoff aufzunehmen. Diese Tatsache nutzt man bei der Einsatzhärtung aus. Hierbei werden Werkstücke aus kohlenstoffarmem Stahl (Einsatzstahl mit höchstens 0,2% Kohlenstoff) an der Oberfläche so stark aufgekohlt, daß der Kohlenstoffgehalt hier etwa dem eines eutektoiden Stahles (rd. 0,8% C) entspricht (Abb. 18 u. 19). Beim Härten nimmt die aufgekohlte Randzone hohe Härte an, während der Kern zäh bleibt.[1]

---

[1] Näheres über Einsatzhärtung s. Werkstattbuch H. 7: MALMBERG, Glühen, Härten und Vergüten des Stahles.

Aufkohlung

Bei der Verarbeitung kann Stahl unter gewissen Voraussetzungen unbeabsichtigt aufgekohlt werden, so z. B. kann die Schweißnaht beim autogenen Schweißen bei falscher Flammeneinstellung (Azetylenüberschuß) Kohlenstoff aufnehmen. Stark aufgekohlte Schweißnähte (Abb. 20 bis 22) sind spröde und rißanfällig.

Es ist allgemein üblich, Schweißarbeiten an *Leuchtgasleitungen* unter Betriebsdruck auszuführen. Abb. 23 zeigt als Beispiel einen Makroschliff aus einer Autogen-Schweißnaht, mit der eine Muffe (M) an die Außenwand

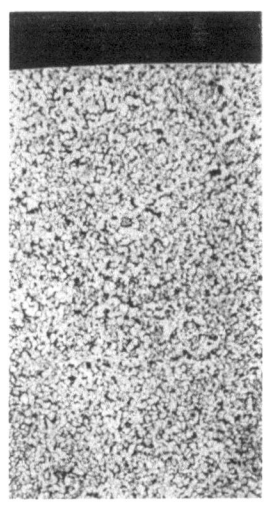

50 : 1
Abb. 18. Einsatzstahl mit 0,13% Kohlenstoff Anlieferungszustand (Ätzmittel: 2%ige alkoholische Salpetersäure)

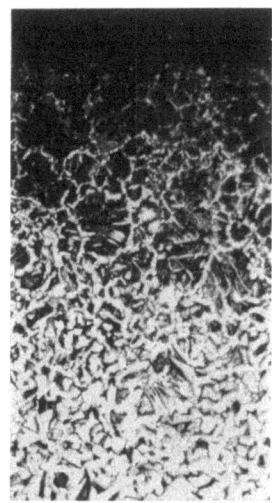

50 : 1
Abb. 19. Nach dem Aufkohlen

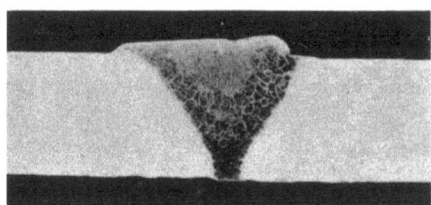

1 : 1
Abb. 20. Durch Azetylenüberschuß stark aufgekohlte Autogen-Schweißnaht
(Mikroschliff, geätzt mit 2%iger alkoholischer Salpetersäure)

100 : 1
Abb. 21. Gefüge der Schweißnaht in Abb. 20 bei stärkerer Vergrößerung

5 : 1
Abb. 23. Makroschliff aus einer autogen geschweißten Muffennaht, die an einem leuchtgasführenden Rohr unter Betriebsdruck ausgeführt wurde (Ätzmittel: 10%ige alkoholische Salpetersäure)

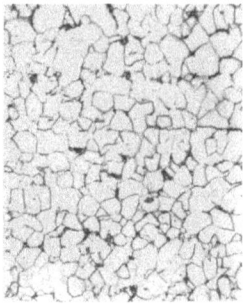

100 : 1
Abb. 22. Gefüge des unbeeinflußten Grundwerkstoffes in Abb. 20 bei stärkerer Vergrößerung

12 Aufkohlung

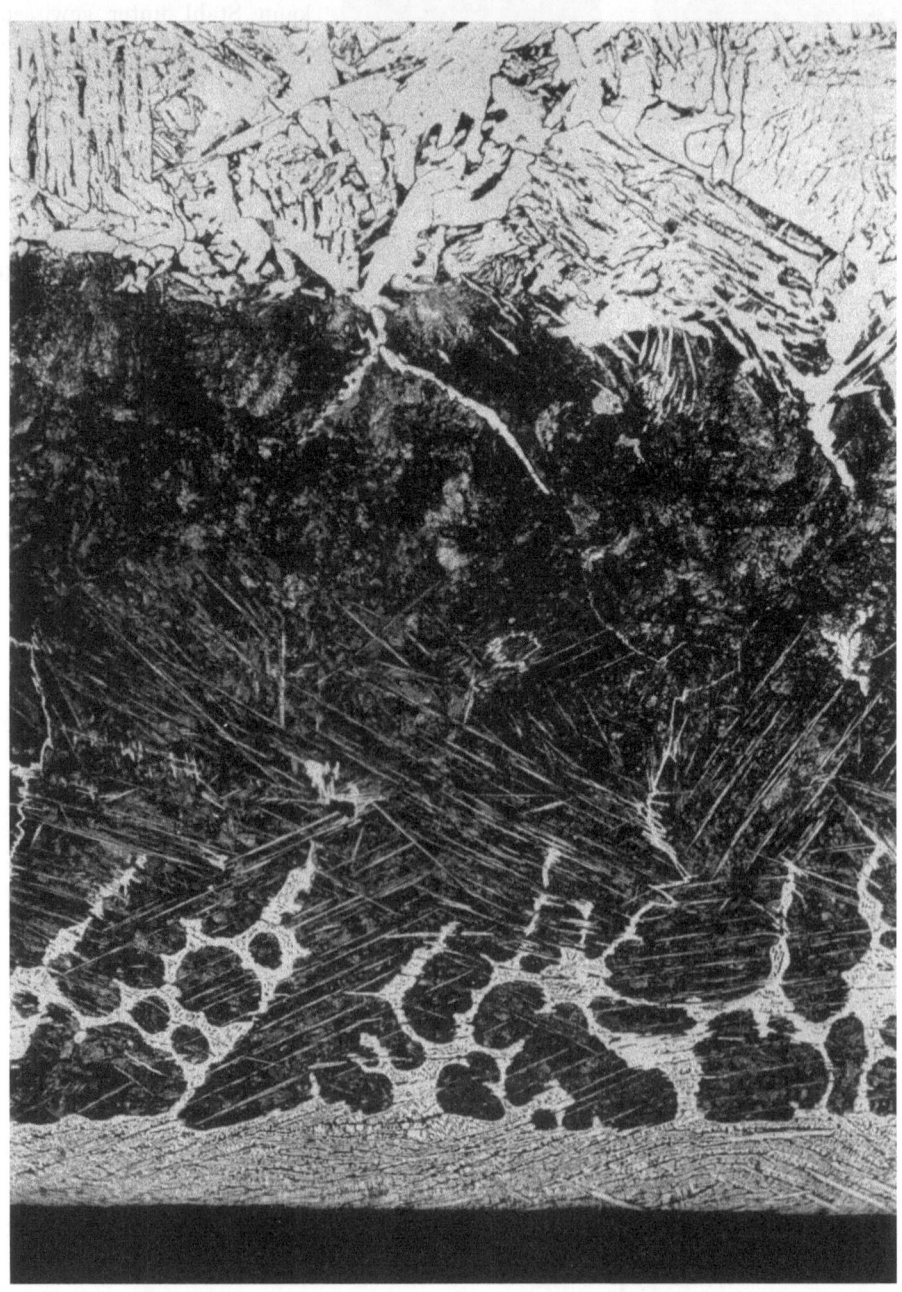

200 : 1
Abb. 24. Mikrogefüge der Rohrinnenwand gegenüber der autogen geschweißten Muffennaht (Ätzmittel: 2%ige alkoholische Salpetersäure)

eines leuchtgasführenden Rohres (R) angeschweißt wurde. Da es sich um ein dünnwandiges Rohr (3 mm Wanddicke) handelt, wurde die innere Rohrwandung im Schweißnahtbereich durch die Schweißhitze so stark erwärmt, daß hier Kohlenstoff aus dem Kohlenoxyd (CO) des vorbeistreichenden Gases in den Rohrwerkstoff eindiffundieren konnte. Durch den steigenden Kohlenstoffgehalt wurde der Schmelzpunkt der betroffenen Zone so weit herabgesetzt, daß an der am stärksten aufgekohlten Stelle der Rohrinnenwand eine Schmelzzone (↑) entstand.

An die zu weißem Eisen (überwiegend Ledeburit) erstarrte, hoch kohlenstoffhaltige Schmelzzone schließt sich überperlitisches Ge-

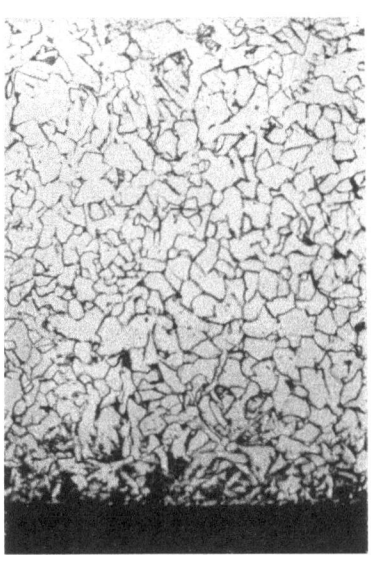

Abb. 25. Makroschliff aus einer Elektro-Muffennaht. Die übrigen Bedingungen waren dieselben, wie bei der autogen geschweißten Probe in Abb. 23 (Ätzmittel: 10%ige alkoholische Salpetersäure) 5:1

Abb. 26. Mikrogefüge der im Makroschliff in Abb. 25 mit □ bezeichneten Stelle (Ätzmittel: 2%ige alkoholische Salpetersäure) 200:1

füge an, in dem der Sekundärzementit (voreutektoider Zementit) durch grobes Austenitkorn und schnelle Abkühlung (Diffusionsbehinderung) bedingt, in WIDMANNSTÄTTENscher Anordnung nadelförmig ausgeschieden wurde. Im unteren Teil der Mikroaufnahme Abb. 24 ist deutlich zu erkennen, daß der Schmelzvorgang an den Austenitkorngrenzen vorausgeeilt war. Die Formen der ehemaligen Austenitkörner sind deshalb teilweise noch durch Gußeisenumhüllungen zu erkennen. An die überperlitische Zone schließt sich noch eine hochkohlenstoffhaltige perlitische Zone an, die dann ziemlich schroff in den überhitzten Grundwerkstoff übergeht.

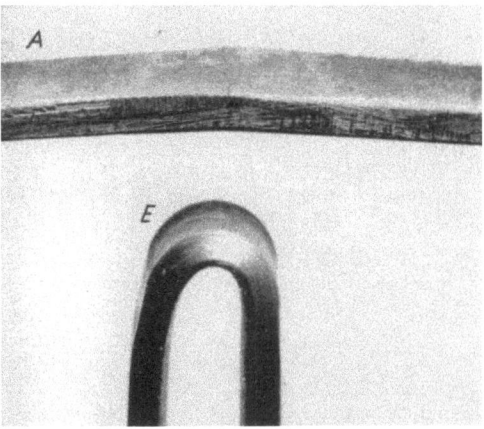

Abb. 27. Biegeproben aus beiden Schweißstellen. Aufgekohlte Zonen im Bereich der größten Biegebeanspruchung. A = autogen geschweißt, E = elektrisch geschweißt 2:1

In der Aufschmelzone wurde mit 1 kp Prüflast eine Vickershärte von 600 kp/mm² gegenüber 130 kp/mm² im Grundwerkstoff gemessen.

Abb. 25 zeigt zum Vergleich einen Makroschliff aus einer unter sonst gleichen Bedingungen ausgeführten Elektroschweißnaht an demselben Rohr. Wie das Mikro-

Abb. 28. Makroschliff aus der auf 180° weitergebogenen Biegeprobe *A* (autogen) aus Abb. 27. Die Anrisse in der spröden Zone wurden beim Weiterbiegen vom zähen Grundwerkstoff aufgefangen (Ätzmittel: 2%ige alkoholische Salpetersäure) 5:1

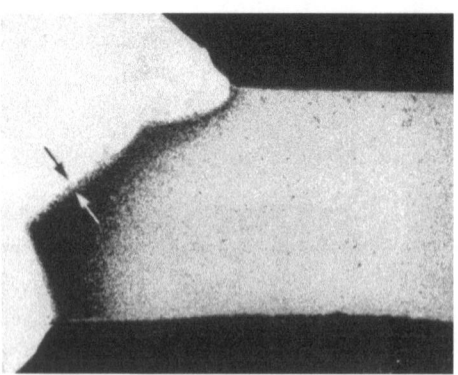

Abb. 29   5:1

bild Abb. 26 erkennen läßt, wurde die der Schweiße gegenüberliegende Rohrinnenwand (unten), nur ganz unbedeutend aufgekohlt.

Aus beiden Schweißstellen wurden Biegeproben entnommen und so gebogen, daß die aufgekohlten Zonen im Bereich der größten Biegebeanspruchung lagen. Dabei zeigte sich, daß die spröde Aufschmelzzone der autogen geschweißten Probe (Abb. 23) nicht die geringste Verformung ohne Rißbildung zuließ (Abb. 27, Probe A), während die elektrisch geschweißte Probe um 180° gebogen werden konnte, ohne einzureißen (Abb. 27, Probe E).

Die angerissene, autogen geschweißte Probe wurde anschließend ebenfalls um 180° gebogen. Die bei der ersten Belastung in der spröden Zone entstandenen Risse wurden dabei von dem zähen Grundwerkstoff aufgefangen (Abb. 28). Daraus läßt sich erklären, daß trotz der häufigen Anwendung der Autogen-Schweißung für Arbeiten an leuchtgasführenden Leitungen keine Schäden bekannt sind, die besonders auf die aufgekohlte und versprödete Zone zurückgeführt werden könnten. Vermutlich spielt hierbei eine große Rolle, daß bei erdverlegten Gasleitungen nicht mit grösserer dynamischer Beanspruchung zu

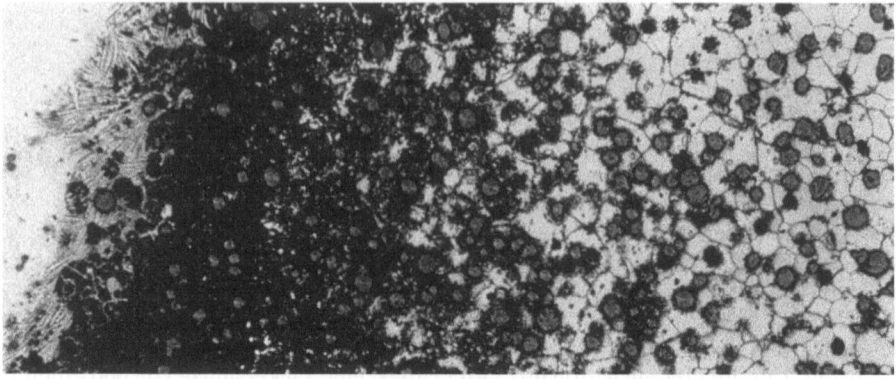

Abb. 30   100:1

Abb. 29 u. 30. Veränderung des Gefüges eines ferritischen Sphärogusses durch den Einfluß der Schweißhitze beim Kaltschweißen. (→ ←) hochzementithaltige Zone (Ätzmittel: 2%ige alkoholische Salpetersäure)

rechnen ist. Trotzdem ist zu empfehlen, bei Autogen-Schweißarbeiten an dünnwandigen, leuchtgasführenden Rohren den Rohrwerkstoff nicht durch zu dicke Schweißraupen unnötig stark zu erhitzen. Bei Gasschmelzschweißungen an Rohren größerer Wanddicke wurde keine Aufkohlung festgestellt.

Eine ebenfalls unerwünschte, jedoch unvermeidliche Aufkohlung zeigt das Beispiel eines mit einer Nickelelektrode ohne Vorwärmung, d. h. kalt geschweißten *ferritischen Sphärogusses* (Abb. 29 u. 30).

Die Graphitsphärolithen lösen sich in der Übergangs-Aufschmelzzone fast vollständig auf. Bei der Abkühlung scheidet sich der Kohlenstoff nicht wieder elementar als Graphit aus, sondern mit Eisen verbunden als Eisenkarbid. Es entsteht deshalb unmittelbar neben der Schweiße eine schmale, hochzementithaltige (Ledeburit + Primärzementit), außerordentlich spröde Zone (Abb. 29 u. 30). Diese, auch bei Kaltschweißarbeiten an Grauguß auftretende spröde Zone ist der Grund dafür, daß bei der Kaltschweißung von Gußeisen Elektroden verwandt werden, die ein zähes Schweißgut mit großem Formänderungsvermögen ergeben, das in der Lage ist, die

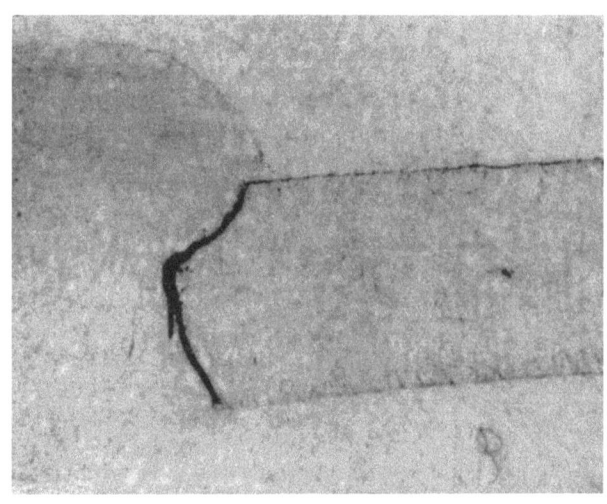

Abb. 31. Bei magnetischer Durchflutung ergibt die Übergangszone eine rißähnliche Anzeige (vergrößerte Reprodukion eines Tesa-Filmabdruckes) 5 : 1

entstehenden Spannungen weitgehend abzufangen. Im allgemeinen werden hierfür Nickel-Eisen-Elektroden solchen aus Reinnickel, Monel oder austenitischen Chrom-Nickel-Stählen vorgezogen.

Bei kaltgeschweißtem ferritischem Sphäroguß schließt sich an den Ledeburit-Zementit-Streifen eine breitere Zone an, in der das Grundmaterial beim Schweißen zwar nicht flüssig wurde, wo jedoch die Sphärolithen unter dem Einfluß der großen Hitze Kohlenstoff an ihre Umgebung abgegeben haben. Der Kohlenstoff, der bei der hohen Temperatur im Austenit (γ-Eisen) gelöst war, hat sich bei der Abkühlung (Umwandlung des Gitters zu α-Eisen) auch hier nicht wieder elementar, sondern als Eisenkarbid ausgeschieden. Bei langsamer Abkühlung entsteht dann, anschließend an die zementitreiche Zone, eine stark aufgekohlte Zone mit perlitischer Grundmasse. Schnellere Abkühlung aus dem γ-Gebiet (z. B. kleine Schweißstellen an großen Stücken) führt zu Aufhärtungserscheinungen, wie sie auch beim Schweißen von Stählen mit höherem Kohlenstoffgehalt beobachtet werden.

Bei magnetischer Durchflutung der geschilderten Schweißverbindung wurden in der Übergangszone Anzeigen hervorgerufen, die Risse vortäuschten (Abb. 31). Diese Erscheinung tritt bei Kaltschweißverbindungen mit Nickel- oder Nickel-Eisen-Elektroden zwischen Gußeisen und Stahl auch an der Stahlseite auf. Es muß deshalb angenommen werden, daß nicht der Zementit die Anzeige hervorruft, sondern im Übergang eine schmale Zone aus unmagnetischem Nickel-Eisen mit etwa 28% Ni und 72% Fe [22] entsteht.

C. Druckwasserstoff

Wasserstoff, der in Stahlgefäßen oder Rohrleitungen aus Stahl unter hohem Druck und hoher Temperatur steht (z. B. Druckgefäße für Ammoniaksynthese und Kohlehydrierung) wird an der heißen Stahloberfläche dissoziiert und dringt bevor-

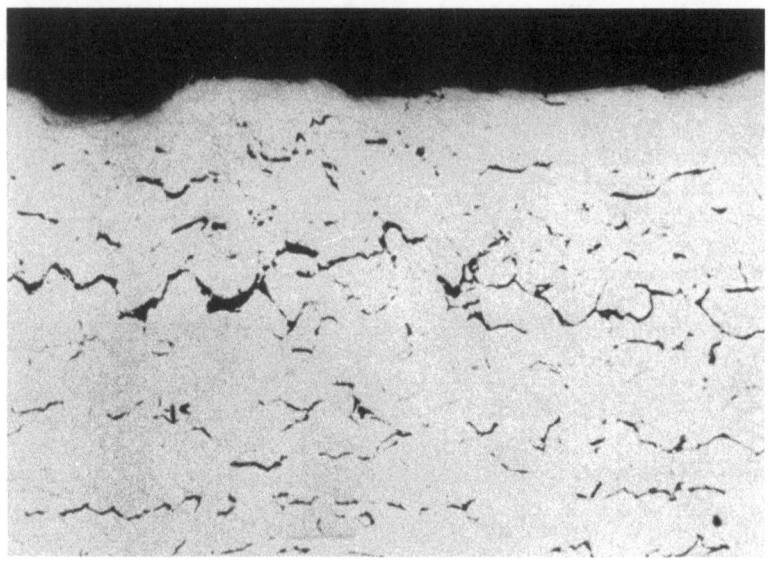

200:1
Abb. 32. Durch Druckwasserstoff zerstörte Innenwand eines Rohres aus unlegiertem Stahl (ungeätzt)

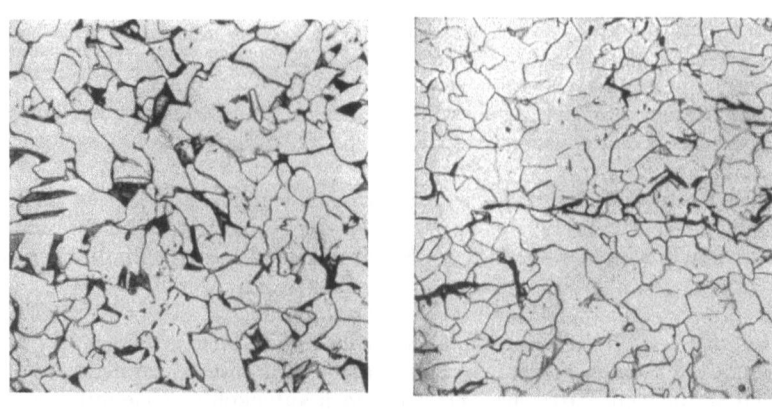

200:1   200:1
Abb. 33. Gefüge der nicht beeinflußten   Abb. 34. Vollständig entkohltes Gefüge der
äußeren Rohrwand   rissigen Zone
(Ätzmittel: 2%ige alkoholische Salpetersäure)

zugt an Gitterstörstellen (Korngrenzen, Verunreinigungen, kaltverformte Zonen) atomar in den Stahl ein [1, 4, 14]. Hier reagieren die Wasserstoffatome mit dem in den Eisenkarbidlamellen der Perlitkristalle enthaltenen Kohlenstoff nach der Gleichung:

$$Fe_3C + 4H \rightarrow 3Fe + CH_4$$

Eisenkarbid + Wasserstoff → Eisen + Methan.

Der Stahl wird durch diese Reaktion entkohlt, und es bildet sich Methangas. Die großen Methanmoleküle können nicht so gut diffundieren, wie der Wasserstoff. Sie setzen sich an den Korngrenzen fest und treiben die Körner des Gefüges auseinander, da das Methangas durch die hohe Temperatur und den fehlenden freien Raum unter sehr hohem Druck steht.

Durch Zulegieren karbidbildender Elemente, wie Chrom, Molybdän, Vanadin, Wolfram, die den Kohlenstoff stärker abbinden als das Eisen, kann die Methangasbildung stark gehemmt werden.

In besonders schwierigen Fällen, vor allem, wenn neben Druckwasserstoff auch noch mit hoher Korrosionsbeanspruchung zu rechnen ist, werden hochlegierte, korrosionsbeständige Chrom-Nickelstähle verwendet, deren Karbide praktisch nicht durch Wasserstoff angegriffen werden.

Die allgemein benutzten druckwasserstoffbeständigen Stähle sind im Stahl-Eisen-Werkstoffblatt 590 zusammengefaßt.

Moderne Hochdruckapparaturen für Hydrieranlagen werden heute Drücken bis etwa 1000 atü und Temperaturen bis etwa 600 °C ausgesetzt [1, 4]. Unlegierter Stahl ist schon bei niedrigen Temperaturen und geringen Drücken anfällig, besonders im Bereich kaltverformter Zonen und ungeglühter Schweißen [4]. Ein Beispiel dafür ist in den Abb. 32···34 wiedergegeben. Die Probe, von der diese Mikroaufnahmen angefertigt wurden, stammt aus einem Rohr aus unlegiertem Stahl mit etwa 10 mm Wanddicke aus einer Anlage, die unter ständiger Einwirkung von Druckwasserstoff von 400 °C und 18 atü Gesamtdruck stand. In Abb. 32 sind im ungeätzten Mikroschliff die durch das Methangas aufgerissenen Korngrenzen an der inneren Rohrwand zu sehen. Abb. 33 zeigt das normale Gefüge der noch unbeeinflußten äußeren Rohrwand und Abb. 34 das vollständig entkohlte Gefüge der rissigen Zone.

D. Entzinkung

Entzinkung ist eine hauptsächlich bei *Messing* mit mehr als 15% Zink auftretende Korrosionsart [35]. Ähnliche Erscheinungen werden, allerdings sehr selten, auch bei anderen Kupferlegierungen (Cu—Al, Cu—Sn, Cu—Ni) beobachtet [38]. Allgemein wird angenommen, daß sich Kupfer und Zink als Legierung in aggressiven Flüssigkeiten, wie Seewasser, Flußwasser, Leitungswasser, chloridhaltigen technischen Lösungen, gemeinsam lösen. Während die Zinksalze (Korrosionsprodukte) fortgespült werden, scheidet sich das edlere Kupfer sofort wieder metallisch aus.

Das ausgefällte Kupfer füllt in loser, schwammiger Form den Raum, den es vorher in Legierung mit dem Zink innehatte. Die Gestalt des Werkstückes bleibt dadurch erhalten, seine Festigkeit geht jedoch fast vollständig verloren.

Lagenentzinkung, die gleichmäßig die ganze Oberfläche angreift, tritt meist dann auf, wenn Messingteile in Gegenwart eines Elektrolyten (z. B. Seewasser oder auch Leitungswasser) mit edleren Metallen Kontakt haben (Abb. 35 bis 37). Spalten und Risse, wie Gewinde oder unbeabsichtigte Verletzungen der Oberfläche begünstigen die Entzinkung [7, 35, 37].

Pfropfenentzinkung wird besonders an Messingrohren für Wärmeaustauscher (Kondensatoren, Kühler) beobach-

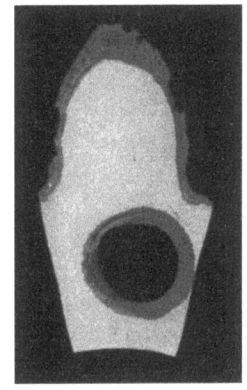

2:1
Abb. 35. Zahn aus einem durch Entzinkung zerstörten Zahnrad einer Seewasserpumpe. Das zerstörte Zahnrad war aus Sondermessing, das Gegenrad aus Aluminiumbronze (ungeätzt)

Entzinkung

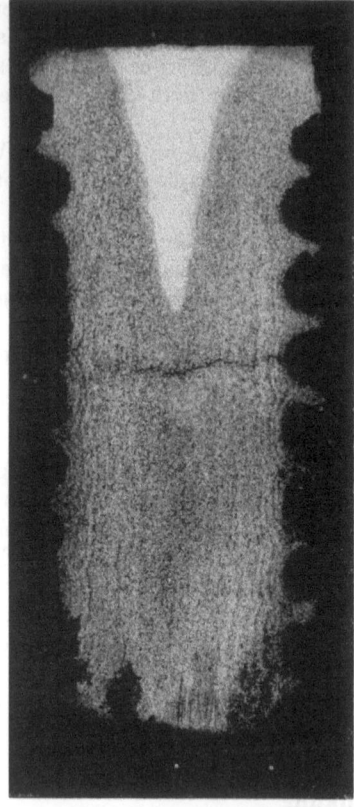

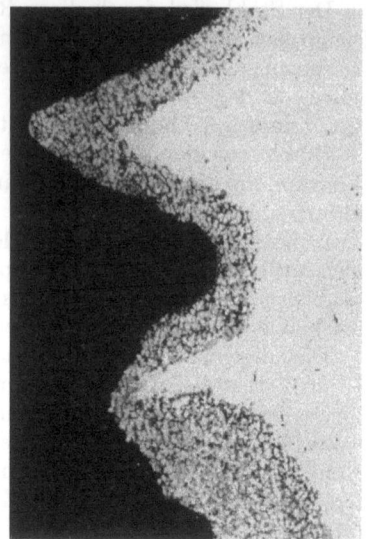

Abb. 37. Entzinktes Gewinde eines Messingwasserhahnes. Das Gegengewinde war Rotguß (ungeätzt) 20 : 1

Abb. 36. Teil der Spindel eines Seewasser-Absperrschiebers, durch Kontakt mit einer Bronzemutter in Seewasser fast vollständig durch Entzinkung zerstört (ungeätzt) 2 : 1

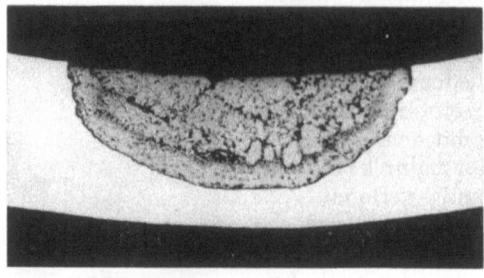

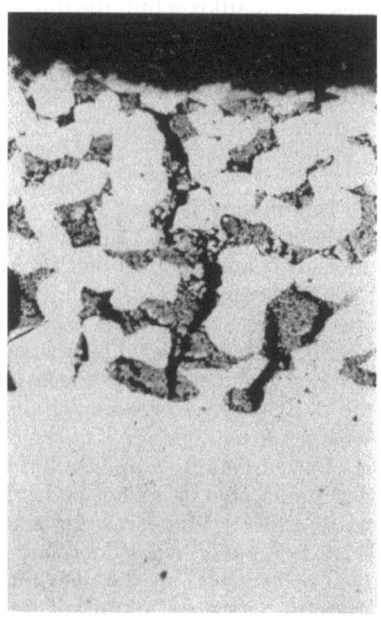

Abb. 38. Pfropfenentzinkung in einem Kondensatorrohr aus K-Ms 72 (ungeätzt) 20 : 1

Abb. 39. Entzinkung in einem α + β-Messing (SoMs 60). Es wurde nur der β-Bestandteil angegriffen (ungeätzt) 200 : 1

tet. Wenn in Stillstandperioden der Wärmeaustauscher nicht geleert, gründlich gereinigt und getrocknet wird, oder auch im Betrieb bei zu schwacher Bewegung des Kühlwassers, setzen sich winzige Teilchen (Schmutz, Rost, Muscheln, Algen,

Kleinlebewesen usw.) an den Innenwänden der Rohre fest. Durch die schlechtere Belüftung der Oberfläche an der Berührungsstelle werden die mit Schmutz bedeckten Stellen unedler als ihre Umgebung. Es bilden sich „Lokalelemente" (Belüftungselemente) und das Messing unter den Ablagerungen geht anodisch in Lösung, wobei sich das gelöste Kupfer sofort wieder metallisch niederschlägt (Abb. 38). Absterbende organische Ablagerungen erzeugen durch ihre Zersetzungsprodukte besonders starke örtlich korrosive Medien [7, 35, 37].

Die Empfindlichkeit der Messinge gegen Entzinkung nimmt mit steigendem Zinkgehalt zu (merklicher Beginn bei mehr als 15% Zink). Bei α + β-Messingen wird der zinkreiche β-Bestandteil bevorzugt angegriffen (selektive Korrosion, Abb. 39).

In der Praxis aus dem Schmelzfluß erstarrende oder aus hohen Glühtemperaturen abkühlende Legierungen können nie das ideale Gleichgewicht der für unendlich langsame Abkühlung geltenden Zustandsdiagramme erreichen. Das hochzinkhaltige Messing Ms 63 erstarrt z. B. erst zu einem aus α- und β-Kristallen bestehendem Gemisch (Abb. 40). Da mit sinkender Temperatur das Lösungsvermögen des Kupfers für Zink zunimmt, verschwinden bei genügend langsamer Abkühlung die β-Kristalle allmählich wieder. Bei der Abkühlung in der Praxis reicht die Zeit für die vollständige Auflösung der β-Kristalle häufig nicht aus. Die Körner des bei tieferen Temperaturen theoretisch nur aus α-Kristallen bestehenden Messings mit 63% Kupfer und 37% Zink (Ms 63) sind dann von sehr kleinen, lichtmikroskopisch kaum noch erkennbaren β-Bestandteilen umhüllt. Da der β-Bestandteil bevorzugt angegriffen wird, frißt sich die Entzinkung hier an den Korngrenzen entlang in das Messing hinein (*interkristalline Entzinkung*). Für Kondensatorrohre wird

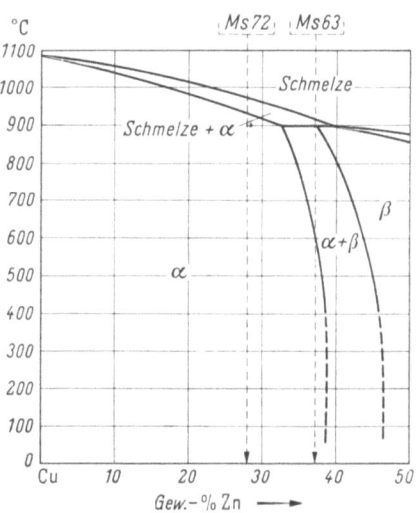

Abb. 40. Vereinfachter Ausschnitt aus dem Zustandsschaubild der Kupfer-Zink-Legierungen (Messinge)

deshalb dem K-Ms 63 das K-Ms 72 vorgezogen, das nicht mehr im Bereich der β-Kristallbildung liegt und noch genügend Zink enthält, um schützende Deckschichten zu bilden.

Schutzschichten werden durch unlösliche Korrosionsprodukte gebildet, die beim ersten Durchlauf des Kühlwassers entstehen und das darunterliegende Metall vor weiterem Angriff schützen. Frisch eingebaute Kondensatorrohre, die noch keine ausreichende Schutzschicht aufgebaut haben, sind besonders empfindlich. Beim Anfahren eines neuen oder neu berohrten Kondensators muß deshalb in den ersten Wochen besonders darauf geachtet werden, daß das Kühlwasser nicht verunreinigt ist [8].

Kondensatorrohre aus binären Messingen wie K-Ms 63 und K-Ms 72 sind nicht in der Lage, genügend feste Schutzschichten für hohe Beanspruchung zu bilden und werden deshalb heute nur noch in Anlagen mit niedrigen Temperaturen und Wässern geringer Aggressivität verwendet. Für schwierigere Betriebsbedingungen werden Rohre aus den Sondermessingen SoMs 71 mit etwa 1% Zinn (bisher Admiralitätslegierung oder Messing 70/29/1) und SoMs 76 mit etwa 2% Aluminium (bisher Aluminiummessing oder Messing 76/22/2) eingebaut, die als „Inhibitoren" (Hemmstoffe) gegen Entzinkung geringe Mengen Arsen oder Phosphor (0,02 bis 0,06%)[1] enthalten.

Durch den Zinn- bzw. durch den Aluminiumzusatz sind diese beiden Sondermessinge in der Lage, widerstandsfähige, dichte Schutzschichten zu bilden, die sich

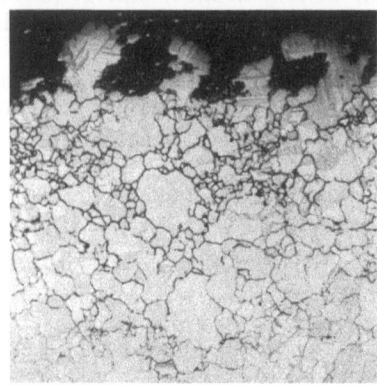 

Abb. 41 50 : 1 Abb. 42 400 : 1
Abb. 41 u. 42. Interkristalline Entzinkung in einem Kondensatorrohr aus SoMs 76 (Ätzmittel: Eisenchlorid)

bei Beschädigung schnell wieder erneuern. Die Schutzschicht des aluminiumhaltigen SoMs 76 zeichnet sich durch besonders gute Beständigkeit gegen Seewassererosion (mechanische Abtragung, besonders durch Wirbelströme) aus [8].

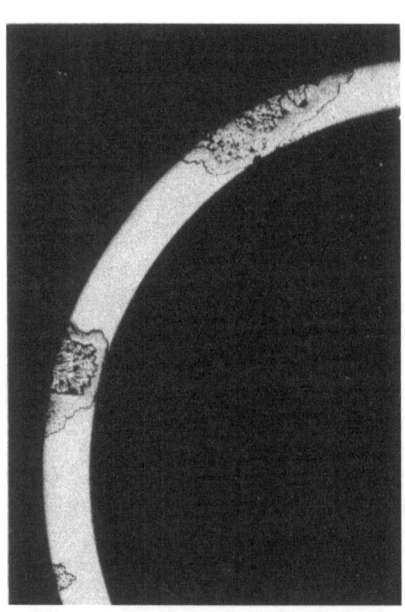

Auch bei Rohren aus inhibierten Messingen mit widerstandsfähigen Schutzschichten ist sorgfältige Behandlung nötig. Schutzschicht und Inhibitor hemmen zwar die Entzinkung, können sie aber unter besonders ungünstigen Bedingungen nicht verhindern. Das geht aus den Abb. 41 und 42 hervor. Die Probe wurde einem durch *interkristalline Entzinkung* zerstörten Kondensatorrohr aus SoMs 76 entnommen.

Warum bei dem aluminiumhaltigen Sondermessing mit nur 22% Zink bei Entzinkung die Korngrenzen angegriffen werden (Abb. 41 u. 42), ist leicht zu erklären aus der Tatsache, daß Aluminium im Messing das α-Gebiet verkleinert und dadurch die Bildung von β-Bestandteilen möglich macht [35, 38].

Bei SoMe 76 ist allerdings auch schon Pfropfenentzinkung beobachtet worden [21].

10 : 1
Abb. 43. Von der äußeren Rohrwand ausgehende Entzinkung eines Messingrohres aus einem Frischwasserkühler (ungeätzt)

Vermutlich handelt es sich beim Aluminiummessing um einen Grenzfall, bei dem es sehr von den Glüh- und Abkühlungsbedingungen

---

[1] Höchstwert heute umstritten; in Zukunft wird man sich vermutlich auf max 0,03% einigen.

und von Schwankungen der Zusammensetzung innerhalb der Analysengrenzen abhängt, ob interkristalline oder Pfropfenentzinkung auftritt.

Abb. 43 zeigt Pfropfenentzinkung an einem Rohr aus Aluminiummessing, das jedoch kein Arsen enthält und auch sonst in seiner Zusammensetzung (73% Cu, 25,18% Zn, 1,82% Al) nicht der DIN-Vorschrift für SoMs 76 entspricht.

In der Regel geht bei Wärmeaustauscherrohren die Entzinkung von der Innenwand aus. Wie Abb. 43 zeigt, kann bei ungünstigen Betriebsbedingungen der Angriff auch von der Außenwand her erfolgen. Ungünstige Betriebsbedingungen können nach NOTHING [21] z. B. bei Frischwasserkühlern dann vorliegen, wenn das für die Maschinenkühlung bestimmte Frischwasser durch Ionenaustauscher aufbereitet wurde und Korrosionsschutzöl enthält. Solches Wasser ist nicht in der Lage, schützende Deckschichten zu bilden [21].

Bei sehr hoher Korrosions- und Erosionsbeanspruchung in See- und Brackwasser, besonders bei hohen Temperaturen und großen Kühlwassergeschwindigkeiten sind Rohre aus Kupfer-Nickel-Legierungen den Messingrohren überlegen.

Rohre aus Kupfer und Kupferlegierungen für Kondensatoren und Wärmeaustauscher sind genormt nach DIN 1785.

E. Interkristalline Korrosion (Kornzerfall)

Nach DIN 50900 ist „interkristalline Korrosion" eine an den *Korngrenzen* auftretende Korrosion, die zur Isolierung einzelner Körner führen kann.

Bei der interkristallinen Korrosion wirken im Gegensatz zur Spannungsrißkorrosion (s. S. 34) keine statischen Zugspannungen mit. Um den Unterschied zwischen Spannungsrißkorrosion und interkristalliner Korrosion deutlicher hervorzuheben, wird für die interkristalline Korrosion ohne Mitwirkung statischer Zugspannungen der Ausdruck „*Kornzerfall*" vorgezogen [35].

Im Gegensatz zur leicht sichtbaren Oberflächenkorrosion ist die interkristalline Korrosion schwer zu erkennen und wird häufig erst bemerkt, wenn das Werkstück zerstört ist.

Die heute am weitesten verbreitete Ansicht ist, daß beim Kornzerfall ein Potentialunterschied zwischen Korngrenze und Korn auftritt, durch den die Korngrenze gegenüber dem Korn anodisch (unedel) wird [35].

Bei reinen Metallen und homogenen (aus Mischkristallen aufgebauten) Legierungen stellen die Korngrenzen an sich schon durch die gegenüber dem Korninneren zahlreicheren Gitterstörstellen korrosionstechnisch schwache Stellen dar. Durch unerwünschte Beimengungen (Verunreinigungen), die sich an den Korngrenzen ausscheiden, kann der Potentialunterschied Korngrenze–Korn so stark erhöht werden, daß die Korngrenzen in einem korrosiven Medium in Lösung gehen.

Bei heterogenen (aus verschiedenen Kristallarten bestehenden) Legierungen kommt es vor, daß ein in geringer Menge vorhandener Gefügebestandteil die Körner des Grundmetalls umhüllt. Bei der Bearbeitung der Legierung werden diese Schalen zerschnitten und erscheinen als Netzwerk an der Oberfläche. In einem korrosiven Medium kann es hierdurch zur Elementbildung und einer anodischen Auflösung der Korngrenzen kommen, vorausgesetzt, daß die Umhüllungen elektrochemisch unedler sind als das umhüllte Korn.[1]

Die Abb. 44···46 zeigen interkristalline Korrosion an Proben aus *historischen Gefäßen* aus hoch kupferhaltiger, schmiedbarer Bronze. Bei der Probe aus der

---
[1] Siehe auch „Interkristalline Entzinkung", S. 20.

römischen Bronzekanne (Abb. 45 u. 46)[1] ist interessant, daß die Korrosionsprodukte nicht nur an den Korngrenzen, sondern auch an den Verformungszwillingen eingewandert sind.

Etwas anders liegen die Verhältnisse beim Kornzerfall der korrosionsbeständigen *Chrom- und Chrom-Nickel-Stähle*, der hier ausführlich behandelt werden soll.

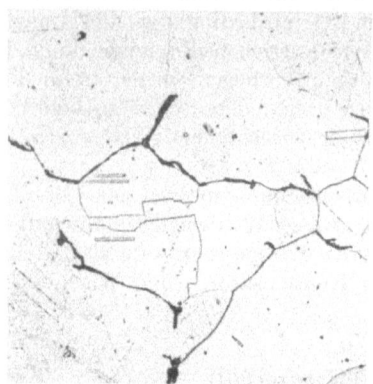

200 : 1
Abb. 44. Interkristalline Korrosion in einer Probe aus einem keltischen Bronzekessel (~ 20 v. Chr.) (Ätzmittel: Ammoniak + Wasserstoffsuperoxyd)

Abb. 45
Römische Bronzekanne (~ 100 n. Chr.)

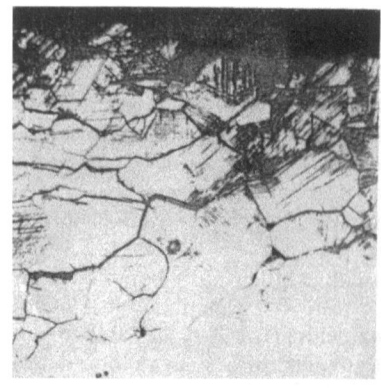

200 : 1
Abb. 46. Der ungeätzte Mikroschliff einer der Kanne in Abb. 45 entnommenen Probe zeigt an den Korngrenzen und Verformungszwillingen eingewanderte Korrosionsprodukte

Für die Korrosionsbeständigkeit der rostsicheren Chrom- und Chrom-Nickel-Stähle ist es wichtig, daß der Chromgehalt eine untere Grenze nicht unterschreitet, die allgemein mit 12···13% angegeben wird.

Einfache austenitische Stähle des 18/8-Typs enthalten neben 18% Cr und 8% Ni etwa 0,1% Kohlenstoff. Bei 1100 °C vermögen diese Stähle rd. 0,25% Kohlenstoff in Lösung zu halten, bei etwa 650 °C jedoch nur 0,01% [*28*]. Homogenes, karbidfreies Gefüge kann man dadurch herstellen, daß man diese Stähle bei 1050···1100 °C glüht (Lösungsglühen) und anschließend in Wasser abschreckt. Durch diese Wärmebehandlung, „Austenitisieren" genannt, wird der Kohlenstoff in Zwangslösung gebracht.

Erwärmt man einen so behandelten austenitischen 18/8-Stahl auf Temperaturen zwischen 450 und 850 °C, so verläßt der Kohlenstoff die Zwangslösung und bildet mit Chrom Karbide [*2*]. Die hochchromhaltigen Karbide scheiden sich an den Korngrenzen und Zwillingsebenen aus, da hier das gestörte Gitter die Ausscheidung begünstigt. Die Grundmasse in der Umgebung der Korngrenzen und Zwillingsebenen wird dadurch so stark an Chrom verarmt, daß die für die Korrosionsbeständigkeit nötige Chrommenge nicht mehr vorhanden ist. Die mikroskopisch schmalen chrom-

[1] Die Abb. 44···46 werden mit freundlicher Genehmigung von Herrn DRESCHER (Helms-Museum, Hamburg-Harburg) wiedergegeben.

verarmten Korngrenzenbereiche sind in korrosiven Medien anodisch gegen die ausgeschiedenen Karbide und gegen das übrige Korn. Korrodierende Mittel, die mit einem durch Chromverarmung anfällig (sensibel) gewordenen, rostsicheren Stahl in Berührung kommen, fressen sich an den Korngrenzen entlang in den Stahl ein, und der Zusammenhalt der Körner wird gestört.[1]

Mikroschliffe aus sensibilisierten, rostsicheren Stählen werden von bestimmten metallographischen Ätzmitteln angegriffen, gegen die sie im austenitisierten Zu-

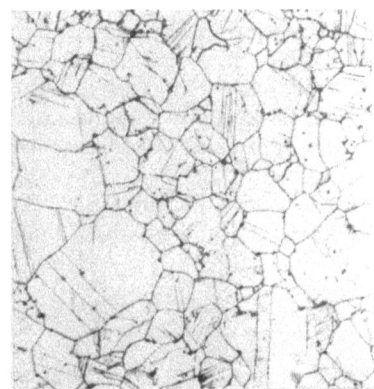

400 : 1
Abb. 47. 18/8 Chrom-Nickel-Stahl mit 0,13% Kohlenstoff, 4 Stunden bei 850 °C geglüht und mit 10%iger alkoholischer Salpetersäure geätzt

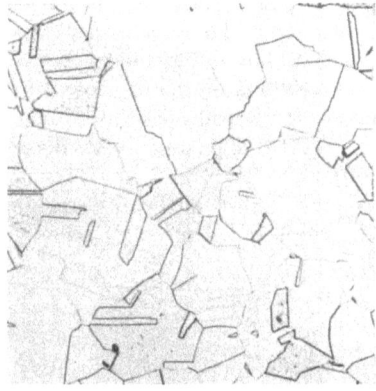

400 : 1
Abb. 49. Austenitisierter 18/8 Chrom-Nickel-Stahl mit 0,1% Kohlenstoff, mit V2A-Beize geätzt

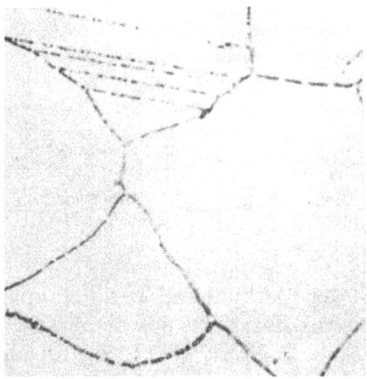

1200 : 1
Abb. 48. Stelle aus der Probe Abb. 47, stark vergrößert

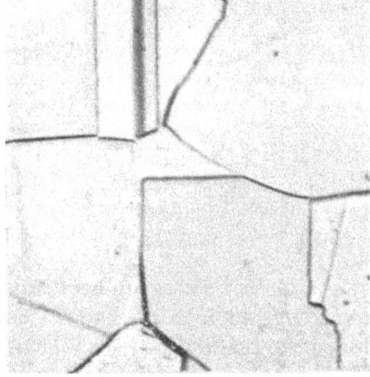

1200 : 1
Abb. 50. Stelle aus der Probe Abb. 49, stark vergrößert

stand unempfindlich sind. Abb. 47 zeigt als Beispiel eine Probe aus einem 18/8-Chrom-Nickel-Stahl mit 0,13% Kohlenstoff, die 4 Stunden bei 850 °C geglüht wurde. Der Mikroschliff wurde in 10%iger alkoholischer Salpetersäure schon nach 30 Sekunden an den Korngrenzen angeätzt. Zum Vergleich gibt Abb. 49 das Gefüge eines austenitisierten 18/8-Chrom-Nickel-Stahles mit 0,1% C wieder. Dieser Schliff war unempfindlich gegen 10%ige alkoholische Salpetersäure. Er wurde deshalb mit der üblichen V2A-Beize geätzt.

[1] Chromverarmungstheorie, aufgestellt 1930 von B. STRAUSS, H. SCHOTTKY und J. HINÜBER [33].

Interkristalline Korrosion (Kornzerfall)

Dem geübten Metallographen wird, auch wenn ihm die Vorgeschichte der Proben nicht bekannt ist, beim Vergleich der beiden Abbildungen auffallen, daß mit dem Stahl in Abb. 47 „etwas nicht in Ordnung ist", da das Gefüge eines einwandfreien, mit V2A-Beize geätzten rostsicheren Stahles keinen so nahezu gleichmäßigen Korngrenzenangriff zeigt, sondern, wie in Abb. 49, die Korngrenzen der einzelnen Körner unterschiedlich angegriffen werden.

Die Aufnahmen Abb. 48 und Abb. 50 zeigen bei 1200facher Vergrößerung deutlich das unterschiedliche Aussehen der Korngrenzen. Bei dem sensibilisierten Stahl (Abb. 48) hat das für diesen rostbeständigen Stahl schwache Ätzmittel (10%ige alkoholische Salpetersäure) nur die chromverarmte nächste Umgebung der ausgeschiedenen Karbide angegriffen. Die Korngrenzen sind immer da unterbrochen, wo keine Karbide ausgeschieden wurden. Die Karbide sind deutlich zu erkennen. Eine Mikroaufnahme eines mit 10%iger alkoholischer Salpetersäure geätzten austenitisierten Stahles wird hier nicht gezeigt, da er auf dieses Ätzmittel nicht anspricht. Die Ätzung mit V2A-Beize zeigt den normalen Korngrenzenangriff (Abb. 50).

Aus einer Reihe von Proben aus austenitischem 18/8-Stahl mit 0,13% Kohlenstoff, die bei Temperaturen zwischen 450 und 900 °C 2 Stunden lang geglüht wur-

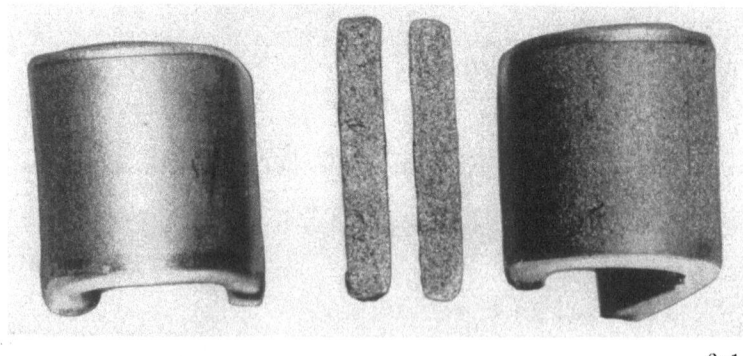

a) Anlieferungszustand (austenitisiert);   b) 1 Stunde bei 650 °C geglüht;   c) 1 Stunde bei 850 °C geglüht   2 : 1

Abb. 51a—c. Biegeproben aus einem korrosionsbeständigen 18/8-Stahl mit 0,1% Kohlenstoff nach einem Kochversuch von 30 Stunden in schwefelsäurehaltiger Kupfersulfatlösung, der Späne aus Elektrolytkupfer zugesetzt waren

den, zeigte die bei 850° geglühte Probe nach der geschilderten metallographischen Untersuchungsmethode den stärksten Ätzangriff durch 10%ige alkoholische Salpetersäure. Im Schrifttum [11, 14] wird jedoch darauf hingewiesen, daß die metallographisch sichtbare, größte Chromausscheidung bei austenitischen Stählen des 18/8-Typs zwar bei etwa 800 °C liegt, in der Praxis aber korrosive Medien am stärksten nach einer Glühung um 650 °C unter „Kornzerfall" angreifen, was folgender Versuch bestätigt.

Von 3 Proben aus einem Blech aus austenitischem 18/8-Stahl mit 0,1% Kohlenstoff wurde 1 Probe 1 Stunde bei 650 °C und 1 Probe 1 Stunde bei 850 °C geglüht. Mikroschliffe von allen 3 Proben waren von 10%iger alkoholischer Salpetersäure nach 15 Minuten bei Raumtemperatur noch nicht angeätzt worden. Erst nach einer nochmaligen 15 Minuten dauernden Ätzung in stärkerer, 20%iger alkoholischer Salpetersäure konnte an der bei 850° geglühten Probe eine schwache, aber deutlich erkennbare Anätzung der Korngrenzen beobachtet werden. Das stärkere Ätzmittel war durch den gegenüber der zuerst beschriebenen Probe niedrigeren Kohlenstoffgehalt und die kürzere Glühzeit nötig geworden.

Alle 3 Proben wurden anschließend 30 Stunden lang in einer schwefelsäurehaltigen Kupfersulfatlösung gekocht, der Späne aus Elektrolytkupfer zugesetzt waren.[1] Durch diesen Korrosionsversuch wurde die bei 650 °C geglühte Probe so vollkommen zerstört, daß sie bei der geringsten mechanischen Beanspruchung zerbrach. Bruchstücke konnten von Hand zu feinem Staub zerrieben werden. Die beiden anderen Proben ließen sich ohne zu brechen um 180° biegen, wobei die bei 850 °C geglühte Probe nur eine etwas aufgerauhte Oberfläche zeigte (Abb. 51c).

Durch diesen Versuch wird die Vermutung bestätigt, daß neben der Chromverarmung auch andere Faktoren Einfluß auf die Anfälligkeit der korrosionsbeständigen Stähle gegen interkristalline Korrosion haben, wie z. B. Mikrospannungen an den Korngrenzen, die bei den bei Temperaturen um 600 °C ausgeschiedenen, feinen Karbiden größer sind, als bei den bei höheren Temperaturen gebildeten [11, 14].

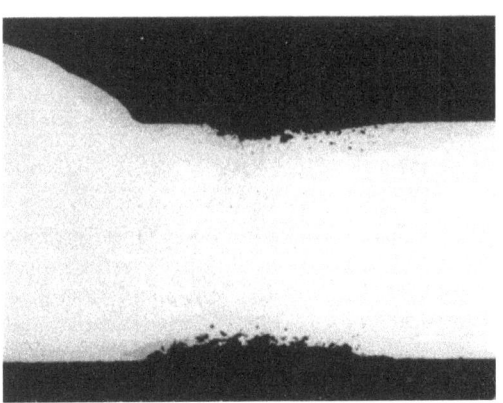

Die durch Ausscheidungen bei niedrigeren Temperaturen erzeugten größeren Spannungen an den Korngrenzen lassen sich dadurch erklären, daß die bei diesen Temperaturen auftretenden sehr feinen Karbide anders orientiert sind als das Grundgitter. Beim Halten auf höhe-

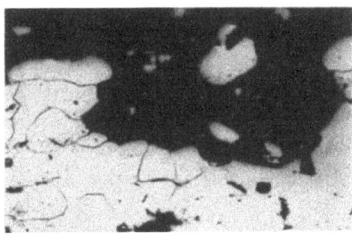

5 : 1
Abb. 52. Beim Kochversuch in der sensibilisierten Zone zerstörte Probe aus einem geschweißten Blech aus 18/8 Cr-Ni-Stahl mit 0,13% Kohlenstoff (ungeätzt)

100 : 1
Abb. 53. Mikroaufnahme aus der Korrosionszone in Abb. 52 (ungeätzt)

ren Temperaturen werden die Karbide gröber und ordnen sich in die Orientierung der Gitterebenen ein, auf denen sie wachsen. Der Gitteraufbau wird dadurch weniger gestört [11].

Der gefährliche Temperaturbereich sinkt mit steigender Glühzeit weiter ab. Die Empfindlichkeit gegen Kornzerfall ist am größten nach einer 500stündigen Glühung bei 500 °C [11].

Beim Schweißen treten in bestimmten Abständen von der Schweißnaht zwangsläufig Temperaturen um 600 °C auf, was bei Stählen des geschilderten 18/8-Typs in diesem Bereich zu Chromkarbid-Ausscheidungen an den Korngrenzen führen kann und damit zur Bildung einer korrosionsanfälligen (sensibilisierten) Zone.

Abb. 52 zeigt den ungeätzten Makroschliff einer Probe aus einem geschweißten Blech aus 18/8-Stahl mit 0,13% Kohlenstoff. Beim Kochversuch nach Stahl-Eisen-Prüfblatt 1875 wurde die durch die Schweißhitze sensibilisierte Zone stark angegriffen. Das ebenfalls im ungeätzten Zustand aufgenommene Mikrobild aus der Korrosionszone (Abb. 53) zeigt deutlich den interkristallinen Angriff.

Aus der Kenntnis der Ursache ergeben sich zwangsläufig die

Maßnahmen zur Bekämpfung des Kornzerfalls. *1. Austenitisieren* (Lösungsglühen bei 1050···1100° und Abschrecken) der Bauteile nach dem Schweißen. Wegen der Verzugsgefahr und Größe der Bauteile nur beschränkt möglich [20]. Diese Maß-

---

[1] Prüflösung nach Stahl-Eisen Prüfblatt 1875:
  1000 ml dest. Wasser,
  100 ml Schwefelsäure (1,84 g/cm³),
  110 g Kupfersulfat ($CuSO_4 \cdot 5\ H_2O$).

nahme kann natürlich nur dann wirksam bleiben, wenn im Betrieb nicht wieder kritische Temperaturen auftreten.

2. *Stabilisierungsglühen* der geschweißten Bauteile bei etwa 850 °C, der Temperatur, bei der die größte Ausscheidung und Zusammenballung der Karbide erfolgt. Wenn lange genug geglüht wird (24 Stunden) wandert das diffusionsträge Chrom allmählich aus dem Korninneren an die durch die Schweißhitze verarmten Korngrenzen, die dadurch wieder korrosionsbeständiger werden. Auch dieser Methode sind durch Form und Größe der geschweißten Bauteile Grenzen gesetzt [2].

3. *Verwendung von Stählen mit besonders niedrigem Kohlenstoffgehalt*: Gefährliche Chromkarbid-Ausscheidungen treten bei kritischen Betriebstemperaturen und beim Schweißen kaum noch auf, wenn der Kohlenstoffgehalt 0,06% nicht übersteigt, wie z. B. bei den Stählen:

     X 5 CrNiMo 18 9 (Werkst.-Nr. 4301)
   und X 5 CrNi 18 10   (Werkst.-Nr. 4401).

Bei besonders starker Korrosionsbeanspruchung sollte jedoch der Kohlenstoffgehalt höchstens 0,03% betragen [3]. Durch neue metallurgische Verfahren, z. B. Frischen mit reinem Sauerstoff, ist es möglich geworden, solche Stähle[1] herzustellen, wie z. B.:

     X 3 CrNi 18 9   (Werkst.-Nr. 4304)
   und X 3 CrNi 18 10   (Werkst.-Nr. 4404).

4. *Benutzung stabilisierter Stähle*: Durch Zusatz von Titan oder Niob (Stabilisatoren) wird der Kohlenstoff bereits bei der Verarbeitung stabilisierter, austenitischer Stähle zu stabilen Titan- bzw. Niobkarbiden abgebunden. Diese bewußt erzeugten Karbide lösen sich erst bei Temperaturen um 1300 °C wieder auf [2, 20]. Stähle dieser Art sind z. B.:

     X 10 CrNiTi 18 9 (Werkst.-Nr. 4541)
   und X 10 CrNiNb 18 9 (Werkst.-Nr. 4550).

Beim Schweißen dicker Stahlteile aus stabilisierten, korrosionsbeständigen Stählen herrschen unmittelbar neben der Schweißnaht längere Zeit Temperaturen um 1300 °C, was zu einer teilweisen oder vollkommenen Wiederauflösung der Titan- bzw. Niob-Karbide führen kann. Wenn sämtliche Karbide des Stabilisationselementes aufgelöst sind, wird bei Temperaturen um 650 °C, z. B. bei Kreuzschweißung, die Chromkarbidbildung nur unvollkommen verhindert. Die Diffusionsgeschwindigkeit der Stabilisationselemente ist wesentlich geringer als die des Kohlenstoffs. Nach einer anfänglichen Titan- bzw. Niob-Karbidbildung werden die Korngrenzen an Stabilisationselementen verarmt und es beginnen sich Chromkarbide auszuscheiden, was zur Chromverarmung mit den geschilderten Folgen führen kann [2]. Es wird auch angenommen, daß nach Wiederauflösung der Titan- bzw. Niob-Karbide sich bei 650 °C nur noch Chromkarbide ausscheiden [34]. Der Korrosionsangriff erfolgt dann unmittelbar neben der Schweißnaht in einer messerscharfen Zone (Messerschnitt-Angriff)[2]. Diese Form der interkristallinen Korrosion ist sehr selten und wird nur bei besonders schwerem chemischem Angriff beobachtet.

Wann kohlenstoffarme und wann stabilisierte Stähle benutzt werden, hängt von der späteren Verwendung der Bauteile ab. Kohlenstoffarme Stähle sind im allgemeinen wegen ihres homogeneren Gefüges etwas korrosionsbeständiger als die stabilisierten Sorten. Da sie keine Karbide und meist auch weniger Fehler und Schlackeneinschlüsse aufweisen, haben sie eine bessere Oberfläche und lassen sich gut polieren. Die stabilisierten Sorten besitzen eine etwas größere Festigkeit, was leichtere Konstruktionen möglich macht [34].

In korrosionsbeständigen *ferritischen Chromstählen* ist im raumzentrierten Gitter die Diffusionsgeschwindigkeit größer als in den austenitischen Stählen. Die Kar-

---
[1] Im englischen Sprachgebrauch: Stähle mit 0,04 — 0,06% C = low carbon steels, Stähle mit 0,03 und weniger % C = extra low carbon steels.
[2] Im englischen Sprachgebrauch = knife line attack.

bide ballen sich deshalb schon bei Temperaturen um 600 °C zusammen und Chrom diffundiert in die Korngrenzen nach. Um 600 °C geglühte ferritische Chromstähle sind deshalb nicht anfällig gegen Kornzerfall. Außerdem kann der Ferrit bei dieser Temperatur nur geringe Mengen Kohlenstoff lösen. Karbide gehen in diesen Stählen erst bei hohen Temperaturen in Lösung und scheiden sich bei Abkühlung im Gegensatz zu den austenitischen Legierungen außerordentlich schnell wieder an den Korngrenzen aus. Bei langsamer Abkühlung ballen sich die Karbide zusammen, so daß keine Neigung zum Kornzerfall besteht [11].

Bei korrosionsbeständigen ferritischen Chromstählen liegt deshalb beim Schweißen die gefährdete Zone da, wo die höchste Temperatur herrschte und schnell aus dieser Temperatur abgekühlt wurde [11], wodurch eine Zusammenballung der Karbide und Nachdiffusion von Chrom verhindert wurde. Für den Bau von korrosionsbeständigen Apparaten und Apparateteilen sind die stabilisierten Chromstähle X 8 CrTi 17 (Werkst.-Nr. 4510) und der etwas beständigere X 8 CrMoTi 17 (Werkst.-Nr. 4523) entwickelt worden.

Bei hochhitzebeständigen Stählen, die im Betrieb bei Temperaturen bis zu 1000 °C und darüber eingesetzt werden, wie z. B. X 15 CrNiSi 25 20 (Werkst.-Nr. 4811), ist weder ein niedriger Kohlenstoffgehalt noch eine Stabilisierung nötig, da bei solchen hohen Betriebstemperaturen keine Gefahr für kritische Karbidausscheidungen besteht.

Austenitische Auftragsschweißungen auf kohlenstoffreicherem Stahl können bei einer anschließenden Glühbehandlung durch Diffusion Kohlenstoff aus dem Grundwerkstoff aufnehmen. Bei langzeitigen Glühungen kann das Kohlenstoffangebot

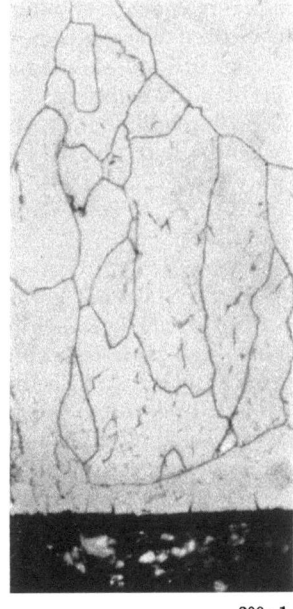

Abb. 54. Probe 1, Anlieferungszustand   200:1
Abb. 55. Probe 2, bei 650 °C 4 Stunden geglüht   200:1
Abb. 56. Probe 3, bei 900 °C 4 Stunden geglüht   200:1

Abb. 54···56. Mikroschliffe aus einer 18/8-austenitischen, niobstabilisierten Auftragsschweißung. Alle drei Proben wurden 10 Minuten bei Raumtemperatur mit 10%iger alkoholischer Salpetersäure geätzt. Der leicht angreifbare Grundwerkstoff — Stahlguß mit etwa 0,3% Kohlenstoff — wurde stark überätzt und erscheint deshalb im Mikrobild schwarz

dabei so groß sein, daß sich auch in stabilisiertem Schweißgut Chromkarbide an den Korngrenzen bilden und die Korngrenzenbereiche an Chrom verarmen.

Die Abb. 54···56 zeigen Mikrobilder von Proben, die einer austenitischen Auftragsschweißung auf Stahlguß mit etwa 0,3% Kohlenstoff entnommen wurden. Die Elektrode war so aufgebaut, daß sie ein niobstabilisiertes Schweißgut ergab. Alle drei Proben wurden 10 Minuten bei Raumtemperatur mit 10%iger alkoholischer Salpetersäure geätzt und zwar:

Probe 1 (Abb. 54) im geschweißten Zustand ohne anschließende Glühbehandlung
Probe 2 (Abb. 55) nach einer 4stündigen Glühung bei 650 °C.
Probe 3 (Abb. 56) nach einer 4stündigen Glühung bei 900 °C.

Der Grundwerkstoff wurde von dem Ätzmittel so stark angegriffen, daß er in den Mikroaufnahmen fast vollständig schwarz erscheint. Bei der ungeglühten Probe 1 (Abb. 54) ist kein Korngrenzenangriff im Schweißgut zu beobachten, während die Korngrenzen der bei 650° geglühten Probe 2 (Abb. 55) gering und der bei 900° geglühten Probe 3 (Abb. 56) stark angegriffen wurden.

Bei höheren Glühtemperaturen diffundieren die Kohlenstoffatome leichter und dringen deshalb in großer Anzahl in das Schweißgut ein. Erfahrungsgemäß ist aber die Chromkarbidbildung bei hohen Temperaturen um 900 °C weniger gefährlich, weil sich die Karbide dann in die Orientierung des Grundgitters einfügen und außerdem das Chrom aus dem Korninneren besser nachdiffundieren und die Korngrenzenbereiche auflegieren kann.

Mit Anfälligkeit gegen Kornzerfall wird vor allem bei dünnen Auftragsschweißungen zu rechnen sein, die bei Temperaturen um 600 °C lange Zeit spannungsfrei geglüht werden. In solchen Fällen ist es vorteilhaft, überlegierte Elektroden zu verwenden. Die Auftragsschweißung bleibt dann bei einer Glühung trotz Kohlenstoffaufnahme noch beständig gegen Kornzerfall. Glühtemperaturen um 900 °C werden bei großen Werkstücken wegen der Verzugsgefahr nicht gern benutzt.

Bei dicken, mehrlagigen Auftragsschweißungen ist kaum Kornzerfall zu befürchten, da selbst bei langen Glühzeiten der Kohlenstoff nicht bis in die oberste Lage durchdiffundiert, die dann das darunterliegende sensibilisierte Schweißgut gegen das korrosive Medium schützt.

F. Korngrenzenzementit

Wenn Stahl mit geringem Kohlenstoffgehalt z. B. mit 0,06% durch den Temperaturbereich zwischen Ar_3 und Ar_1 (Linien GS und PS in Abb. 5) abgekühlt wird, bilden sich zahlreiche voreutektoide Ferritkristalle. Erst wenn die Temperatur Ar_1 erreicht, wandeln sich die wenigen, letzten Austenitkristalle, die sich inzwischen bis auf 0,8% mit Kohlenstoff angereichert haben, in Perlitkristalle um. Bei *langsamer* Abkühlung kommt es dann leicht vor, daß sich keine Perlitkristalle bilden, sondern der Ferritanteil des Perlits an die zahlreichen Kristalle des voreutektoiden Ferrits ankristallisiert, während der Zementit sich an den Korngrenzen abscheidet und als Schalenwerk die Ferritkörner umgibt. Diese, *Entartung* genannte Entmischung des Perlits wird häufig bei kohlenstoffarmen Stählen bis etwa 0,15% C beobachtet, wenn sie *langsam* aus dem γ-Gebiet abgekühlt werden [9, 11, 31].

Da die weichen Eisenkristalle durch die harten Zementitschalen voneinander getrennt werden, kommt die Zähigkeit des Ferrits nicht zur Wirkung. Die Eigenschaften eines Stahles mit entartetem Perlit werden deshalb weitgehend durch das harte Zementitschalenwerk bestimmt, und der Stahl ist trotz seines geringen Kohlenstoffgehaltes außerordentlich spröde.

Stellt man von einem Stahl, dessen Perlit entartet ist, einen Mikroschliff her, so wird das Schalenwerk zerschnitten und der Zementit erscheint im Mikrobild als Netzwerk, das *Korngrenzenzementit* genannt wird (Abb. 57).

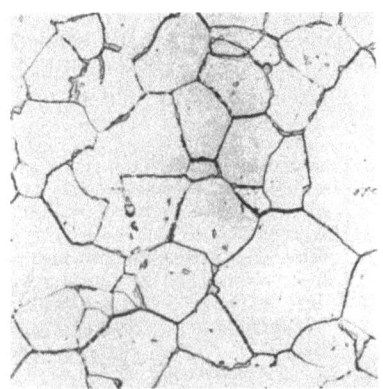

400 : 1
Abb. 57. Probe aus einem versprödeten Stahlblech mit 0,06% Kohlenstoff. Der Perlit ist vollständig entartet (Ätzmittel 2%ige alkoholische Salpetersäure)

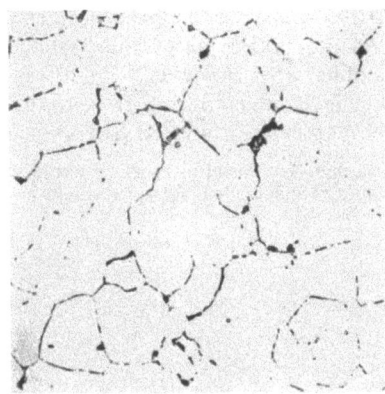

400 : 1
Abb. 58. Derselbe Mikroschliff wie in Abb. 57 mit alkalischer Natriumpikratlösung geätzt. Es wurde nur der Korngrenzenzementit angegriffen und dunkel gefärbt

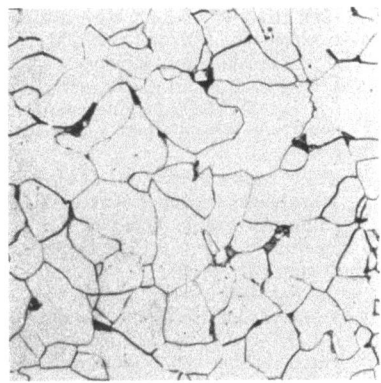

400 : 1
Abb. 59. Derselbe Stahl wie in den Abb. 57 und 58 beschleunigt in kalter, bewegter Luft abgekühlt. Ferrit mit einigen Kristallen feinstreifigen Perlits (Ätzmittel: 2%ige alkoholische Salpetersäure)

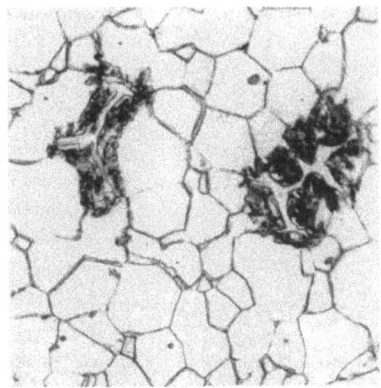

400 : 1
Abb. 60. Rückbildung von Korngrenzenzementit durch die Schweißhitze beim Schweißen eines Stahlbleches, dessen Perlit vollständig entartet war (Ätzmittel: 2%ige alkoholische Salpetersäure)

Wenn man sich ein klares Bild über den Anteil an Korngrenzenzementit im Gefüge machen will, muß man den mit 2%iger alkoholischer Salpetersäure geätzten Mikroschliff, in dem alle Korngrenzen sichtbar sind (Abb. 57), nochmals abpolieren und mit alkalischer Natriumpikratlösung ätzen. Es wird dann nur der Zementit angegriffen und schwarz gefärbt (Abb. 58).

Korngrenzenzementit wandelt sich nicht durch Glühen bei Temperaturen knapp unterhalb Ac_1 in kugligen Zementit um. Er muß oberhalb Ac_3 im Austenit gelöst werden. Durch anschließende beschleunigte Abkühlung kann verhindert werden, daß sich wieder Korngrenzenzementit bildet. Es entsteht dann feinstreifiger Perlit (Abb. 59).

Abb. 60 zeigt, wie beim Schweißen eines dünnen Stahlbleches, dessen Perlit vollständig entartet war, durch die Schweißhitze an einigen besonders zementitreichen Stellen Flecken sehr feinstreifigen Perlits entstanden sind. Interessant ist, daß diese Flecken nicht überall da auftraten, wo das Blech durch die Schweißhitze über den Ac_3-Punkt erhitzt wurde, sondern nur in einigem Abstand von der Schweißnaht, wo vermutlich nur ganz kurze Zeit Austenittemperatur geherrscht hat und das Blech schnell wieder unter Ar_1 abkühlte. Die Rückbildung des Korngrenzenzementits konnte in der sehr kurzen Zeit, die diese Stelle des Bleches Normalisierungstemperatur hatte, nur sehr unvollkommen verlaufen. Die schnelle Abkühlung hat aber bewirkt, daß der wenige aus dem Korngrenzenzementit in Lösung gegangene Kohlenstoff bei der Abkühlung feinstreifigen Perlit bildete und nicht wieder als Zementit an den Korngrenzen abgelagert wurde.

Zwischen den verschiedenen Zementitarten der Eisen-Kohlenstoff-Legierungen wird häufig nicht klar unterschieden. Es soll deshalb hier gezeigt werden, welche Zementitarten bei unterschiedlichen Kohlenstoffgehalten auftreten. Es handelt sich hierbei nur um verschiedene Erscheinungsformen der in ihrer chemischen Zusammensetzung in allen Fällen gleichen intermetallischen Verbindung Fe_3C (Eisenkarbid, Zementit).

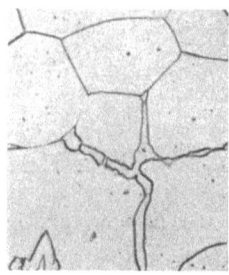

400:1
Abb. 61. Tertiärzementit

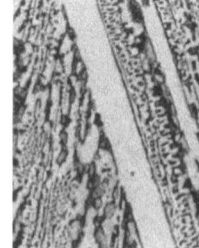

400:1
Abb. 62. Korngrenzenzementit

Tertiärzementit (Abb. 61) scheidet sich unterhalb 723 °C längs der Linie PQ (Abb. 5) aus den α-Mischkristallen (Ferrit) aus. Bei 723 °C haben die α-Mischkristalle ihr größtes Lösungsvermögen – 0,02% – für Kohlenstoff. Als besonderer Gefügebestandteil erscheint der Tertiärzementit nur in sehr kohlenstoffarmen Stählen mit höchstens 0,02% Kohlenstoff. Bei höheren Kohlenstoffgehalten kristallisiert er an die Zementitlamellen der Perlitkristalle an und ist mikroskopisch von diesen nicht mehr zu unterscheiden.

Korngrenzenzementit (Abb. 62) entsteht beim langsamen Abkühlen kohlenstoffarmer Stähle bis etwa 0,15% Kohlenstoff aus dem γ-Gebiet durch „Entartung" des Perlits.

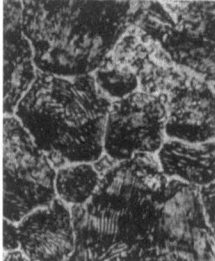

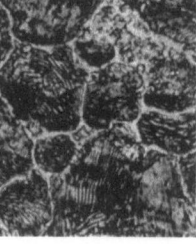

400:1
Abb. 63. Sekundärzementit (Zementitnetz)

400:1
Abb. 64. Primärzementit (Balkenzementit)

(Ätzmittel: 2%ige alkoholische Salpetersäure)

Sekundärzementit (Abb. 63), auch voreutektoider Zementit genannt, scheidet sich beim Abkühlen übereutektoider Eisen-Kohlenstoff-Legierungen aus dem γ-Gebiet zwischen Ar_3 und Ar_1 längs der Linie SE aus. Sekundärzementit tritt in allen Legierungen mit mehr als 0,8% Kohlenstoff auf. Ein ausgeprägtes „Zementitnetz" wird jedoch nur in den übereutektoiden Legierungen beobachtet, die noch kein Ledeburiteutektikum enthalten, also im Kohlenstoffgehalt unter 2% liegen. Bei grobem Austenitkorn und erhöhter Abkühlungsgeschwindigkeit [11] kann sich der Sekundärzementit auch im Inneren der an Kohlenstoff übersättigten γ-Mischkristalle in WIDMANNSTÄTTENscher Anordnung nadelförmig ausscheiden (Abb. 24).

Primärzementit (Abb. 64) scheidet sich bei übereutektischen Legierungen mit mehr als 4,3% Kohlenstoff zwischen der Liquiduslinie CD und der Soliduslinie CF aus. Nach der endgültigen Erstarrung sind die Balken des Primärzementits (Balkenzementit) in Ledeburiteutektikum eingebettet.

G. Lötbrüchigkeit

Stahl kann interkristallin zerstört werden, wenn er beim Hartlöten unter äußeren oder inneren Zugspannungen steht.

Beim Hartlöten bildet das meist aus Kupferlegierungen bestehende Lot zuerst in Bruchteilen einer Sekunde mit dem Grundmetall eine Legierungsschicht, die nur wenige Elementarzellen dick ist. Sofort nach dieser Legierungsbildung beginnen Legierungsbestandteile des Lotes und des Grundwerkstoffes ineinander zu diffundieren [*30*].

Steht ein Stahlstück beim Hartlöten unter inneren oder äußeren Zugspannungen, dann schreitet die Diffusion nicht gleichmäßig an der ganzen Oberfläche voran, sondern das Lot dringt bevorzugt an den Korngrenzen in den Stahl ein und stört den Zusammenhalt der Kristalle [*19*]. Der Stahl wird brüchig (Abb. 65).

Lötbrüchigkeit tritt nicht nur beim Löten auf, sondern kann immer dann beobachtet werden, wenn flüssiges Metall mit örtlich hoch erhitztem Stahl in Berührung kommt, der nicht frei von inneren oder äußeren Zugspannungen ist. Der Mikroschliff in Abb. 66 wurde z. B. einem zerstörten Pleuellager entnommen, das mit Bleibronze ausgegossen wurde. Da beim Ausgießen

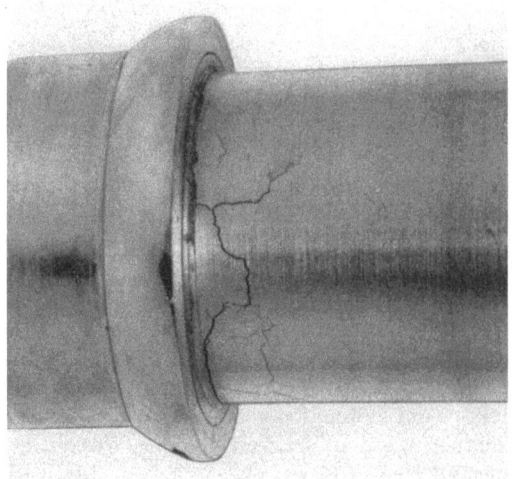
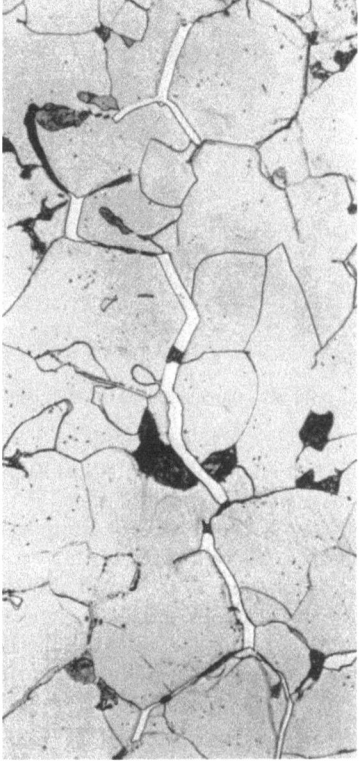

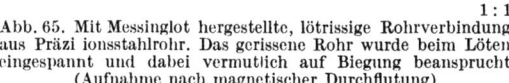

1 : 1
Abb. 65. Mit Messinglot hergestellte, lötrissige Rohrverbindung aus Präzisionsstahlrohr. Das gerissene Rohr wurde beim Löten eingespannt und dabei vermutlich auf Biegung beansprucht (Aufnahme nach magnetischer Durchflutung)

200 : 1
Abb. 66. Beim Ausgießen eines Pleuellagers interkristallin in Stahl eingedrungene Bleibronze (Ätzmittel: 2%ige alkoholische Salpetersäure)

das Pleuel nicht spannungsfrei war, ist Bleibronze interkristallin in den Stahl eingedrungen.

Abb. 67 zeigt die Lagerstelle einer Kurbelwelle, die in einem Buntmetallager heißgelaufen war. Flüssiges Metall ist hier in die Lagerstelle eingedrungen und hat den Zapfen vollkommen zerstört.

Weitere Fälle von Lötbrüchigkeit sind z. B. aufgetreten bei Reparaturschweißungen an Kesselanlagen, wenn an Stellen geschweißt wurde, an denen sich Kupfer, herrührend aus Verdampfern, Vorwärmern, Kondensatoren, niedergeschlagen hatte. Die Schäden wären nicht eingetreten, wenn man die Kupferschichten vor dem Schweißen gründlich entfernt hätte [*1*].

Bei Abbrennschweißungen kann eingespannter Stahl in den Kupferbacken leicht verbogen werden. Wenn durch die hohe Stromdichte beim Übergang die

Riffelspitzen aufschmelzen, kann Kupfer interkristallin in den spannungsbehafteten Stahl eindringen [*10*]. Brüche treten auch auf, wenn bei beginnender Abkühlung

Abb. 67. Durch Lötbrüchigkeit zerstörte Lagerstelle einer Kurbelwelle, die in einem Buntmetallager heißgelaufen war   1 : 2

im fest eingespannten Stahl Zugspannungen entstehen bei Temperaturen, bei denen das Kupfer noch flüssig ist.

Auch bei der Verbindung verkupferter Stahlteile durch Schweißen kann leicht Lötbrüchigkeit auftreten.

Beim Hartlöten muß darauf geachtet werden, daß während des Lötens die Werkstücke spannungsfrei sind und die Diffusionsfreudigkeit des Lotes nicht durch zu hohe Erhitzung unnötig gesteigert wird. Äußere Spannungen werden leicht durch Spannvorrichtungen erzeugt, mit denen die Stücke beim Löten festgehalten werden. Innere Spannungen können bei der Bearbeitung der Werkstücke vor dem Löten oder, bei größeren Werkstücken, durch die örtliche Erwärmung beim Lötvorgang selbst entstehen.

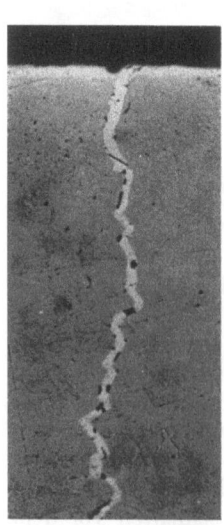

Abb. 68. Durch fotografische Mittel im ungeätzten Mikroschliff sichtbar gemachtes Lot (s. Text)   200 : 1

Häufig lassen sich jedoch Spannungen nicht ganz vermeiden. Da die Lötbruchanfälligkeit mit steigender Temperatur zunimmt, sind für solche Fälle niedrigschmelzende Silberlote (Arbeitstemperaturen etwa 610···800 °C) den hochschmelzenden Messingloten (Arbeitstemperaturen ab 870 °C aufwärts) vorzuziehen. Bei den gegen Lötbrüchigkeit besonders empfindlichen hochlegierten Chrom-Nickel-Stählen müssen in jedem Falle Silberlote mit sehr niedrigem Schmelzpunkt benutzt werden [*1*]. Da für niedrige Arbeitstemperaturen die Anwärmzeit kürzer ist, wird der höhere Preis der Silberlote durch Verkürzung der Arbeitszeit wieder aufgefangen.

Arbeitstemperatur (AT) ist nach DIN 8505 die niedrigste Oberflächentemperatur des Werkstückes an der Lötstelle, bei der das Lot sich ausbreiten, fließen und am Grundwerkstoff binden kann. Die Arbeitstemperatur ist immer höher als die Solidustemperatur des Lotes; sie kann unterhalb oder oberhalb seiner Liquidustemperatur liegen oder mit ihr zusammenfallen.

Die Azetylen-Sauerstoff-Flamme darf beim Löten nicht spitz und heiß sein, sondern soll bei sparsamer Sauerstoffzufuhr, mit langem blauem Kegel, „weich" eingestellt werden [*1*].

Bei *Ofenlötung* tritt Lötbrüchigkeit nicht auf, weil bei sachgemäßer Erwärmung die zu verlötenden Teile gleichmäßig durchgewärmt werden. Innere Spannungen werden dabei weitgehend abgebaut.

Beim *Weichlöten* (Kaltlöten) von Stahl ist zwar auch schon bei Laborversuchen Lötbrüchigkeit beobachtet worden [*10, 11*], wegen der niedrigen Schmelztemperatur der Weichlote (Blei-Zinn-Lote mit Arbeitstemperaturen von etwa 200···300 °C) braucht aber in der Praxis mit Schäden dieser Art nicht gerechnet zu werden.

Bei Messing ist Lötbrüchigkeit bisher nur beim Weichlöten beobachtet worden [*10*].

Interkristallin in Stahl eingedrungenes Lot reflektiert im Mikroschliff das Licht etwas stärker als der Stahl. Durch einen einfachen fotografischen Kniff läßt sich deshalb auch im ungeätzten Schliff das Lot gut sichtbar machen.

Man belichtet bei der Mikroaufnahme etwas länger als normal, um ein dichtes Negativ zu erhalten. Das leicht überbelichtete Negativ wird dann mit extrahartem Papier kopiert. Wenn man dabei solange belichtet, daß der Untergrund dunkel wird, tritt das eingedrungene Lot deutlich hervor (Abb. 68).

H. Perlitzerfall

Wenn Gußeisen mit perlitischer Grundmasse längere Zeit unter dem Ac_1-Punkt (723 °C) geglüht wird, zerfällt das Eisenkarbid des Perlits in Eisen und Kohlenstoff. Diese Tatsache nützt man z. B. aus, wenn Teile aus Sphäroguß besonders zäh sein sollen, allerdings auf Kosten der Festigkeit und Härte. Abb. 69 zeigt das Mikrogefüge einer Probe aus Sphäroguß mit fast rein perlitischer Grundmasse. Nach längerem Glühen bei etwa 700 °C ist der Perlit vollständig verschwunden, und die Grundmasse besteht nur noch aus zähen Eisenkristallen (Ferrit). Der durch den Zerfall des Eisenkarbids freigewordene Kohlenstoff hat sich an die Graphitsphärolithen angelagert (Abb. 70).

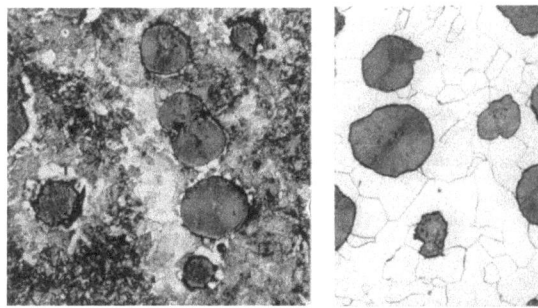

200 : 1
Abb. 69. Sphäroguß mit perlitischer Grundmasse

200 : 1
Abb. 70. Geglühter Sphäroguß mit rein ferritischer Grundmasse

(Ätzmittel: 2%ige alkoholische Salpetersäure)

Das Eisenkarbid kann bei sehr langer Einwirkung, vor allem im Dampfstrom [*25*], auch schon bei wesentlich tieferen Temperaturen zerfallen. Abb. 71 zeigt das Mikrogefüge einer Probe aus einem unbrauchbar gewordenen Sicherheitsventil eines Schiffskessels. Das Ventil bestand beim Einbau aus perlitischem Grauguß mit einem der Abb. 72 entsprechenden Gefüge. Durch sehr langes Einwirken der Betriebstemperatur (vermutlich etwa 300 °C) sind die Karbidlamellen des Perlits völlig zerfallen (Perlitzerfall). Der freigewordene Kohlenstoff hat sich an den Lamellen nicht so sauber angelagert, wie im geglühten Sphäroguß an den Graphitkugeln, sondern sitzt in Form kleiner, schwarzer Knoten an den ursprünglichen Graphitlamellen. Das Ventil ist durch den Perlitzerfall zu weich geworden.

Wegen des bei gußeisernen Kesselventilen früher oder später eintretenden Perlit-

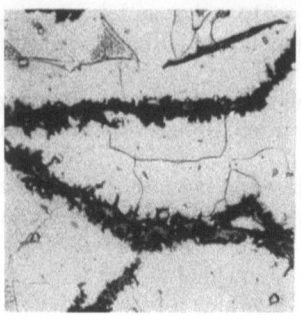 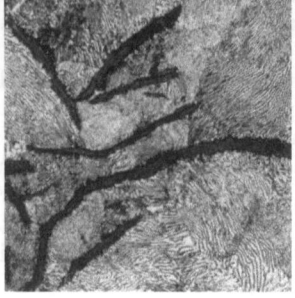

Abb. 71   200 : 1   Abb. 72   200 : 1

Abb. 71. Probe aus dem gußeisernen Sicherheitsventil eines Schiffskessels. Das ursprünglich der Abb. 72 entsprechende Gefüge ist durch Perlitzerfall verändert. Ferritische Grundmasse und Anlagerungen des beim Zerfall der Eisenkarbidlamellen des Perlits freigewordenen Kohlenstoffs an die Graphitlamellen

Abb. 72. Graues Gußeisen mit perlitischer Grundmasse
(Ätzmittel: 2%ige alkoholische Salpetersäure)

zerfalls werden in neue Kesselanlagen nur noch Stahlgußventile eingebaut und unbrauchbar gewordene Ventile alter Anlagen durch Stahlgußventile ersetzt.

Das Gitter des Eisenkarbids benötigt weniger Raum als die Gitter des Eisens und des Kohlenstoffs nach dem Zerfall. Der Perlitzerfall ist deshalb mit einer Vergrößerung des Volumens verbunden (Wachsen des Gußeisens [13]).

J. Spannungsrißkorrosion

Nach DIN 50900 bezeichnet man das Aufreißen von metallischen Werkstoffen (Legierungen) unter gleichzeitiger Einwirkung bestimmter Korrosionsmittel und statischer Zugspannungen als Spannungsrißkorrosion. Kennzeichnend ist ein verformungsloser Bruch mit inter- oder transkristallinem[1] Verlauf, oft ohne Bildung sichtbarer Korrosionsprodukte. Spannungsrißkorrosion wird häufig auch durch innere Spannungen im Werkstoff selbst hervorgerufen.

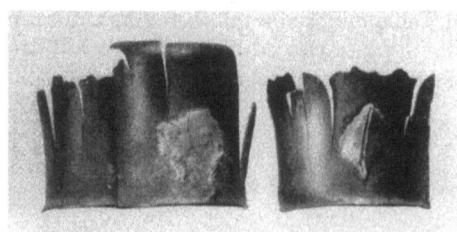

1 : 1
Abb. 73. Durch Spannungsrißkorrosion aufgeplatzte Messingkappen für Hochspannungsröhren

UHLIG [26d] schildert die Spannungsrißkorrosion als Zerstörung, verursacht durch ein verwickeltes Zusammenspiel von Zugspannungen, Korrosion und rißempfindlichen Wegen in einem Metall oder einer Legierung. Jede Legierung hat ihre typischen Korrosionsmittel, die glücklicherweise nicht sehr zahlreich sind.

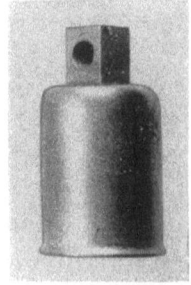 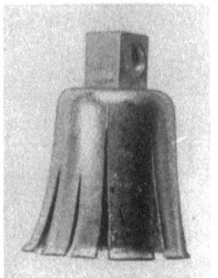

1 : 1   1 : 1
Abb. 74. Anlieferungs-   Abb. 75. ¹/₂ Stunde bei
zustand, nicht angelassen   250 °C angelassen
Quecksilbernitratprobe mit zwei neuen Kappen

Es ist kennzeichnend für die Spannungsrißkorrosion, daß gerade milde Angriffsmittel die Risse auslösen. Bei starken Korrosionsmitteln wird durch schnelle allgemeine Abtragung der örtliche Angriff verhindert [11]. Es gibt jedoch auch eine untere Grenze, unterhalb der Spannungsrißkorrosion nicht mehr zu befürchten ist.

Vollständig reine Metalle sind unempfindlich gegen Spannungsrißkorrosion. In Legierungen können unbeabsichtigte Beimengungen (Verunreinigungen) die

---

[1] transkristallin = durch die Kristalle; interkristallin = an den Korngrenzen (vgl. S. 21).

Spannungsrißkorrosion begünstigen. Sie sind jedoch nicht immer die Ursache. Zu den Legierungen, die auch in außergewöhnlich reinem Zustand empfindlich sind. gehören die Magnesium-Aluminium-Legierungen und die Messinge [*26d, 37*].

Bei *Messingen* mit mehr als etwa 15% Zink wird Spannungsrißkorrosion besonders häufig beobachtet. Schon sehr geringe Mengen Ammoniak im Wasser (Kühlwasser) oder in der Luft (Industrieatmosphäre) können Spannungsrißkorrosion auslösen.

Abb. 73 zeigt Messingkappen aus Ms 63 für Hochspannungsröhren, die längere Zeit der Witterung ausgesetzt waren. Nach dem Kalt-Tiefziehen sind diese Kappen nicht spannungsfrei geglüht worden. Der in Industrieatmosphäre immer vorhandene schwache Ammoniakgehalt hat in Verbindung mit Luftfeuchtigkeit ausgereicht, um die unter hohen inneren Spannungen stehenden Kappen aufreißen zu lassen.

Die Abb. 74 u. 75 veranschaulichen einen Versuch mit zwei neuen Kappen. Eine der beiden Proben wurde $1/2$ Stunde bei 250 °C angelassen, um die Eigenspannungen abzubauen. Beide Proben, die angelassene und die nicht angelassene, wurden mit 10%iger Salpetersäure gereinigt und anschließend

Abb. 76. Mikroschliff aus einem durch Spannungsrißkorrosion zerstörten Messingkontakt (Ätzmittel: Ammoniak + Wasserstoffsuperoxyd) 100:1

15 Minuten lang in eine 1,5%ige Quecksilbernitratlösung [$Hg(NO_3)_2$] getaucht (Quecksilbernitratprobe nach DIN 1785). Dabei scheidet sich Quecksilber auf dem Messing ab. Bei der mit inneren Spannungen behafteten Probe drang das Quecksilber an den Korngrenzen ein und bildete ein Amalgam, das den Zusammenhalt der Körner störte. Die Probe riß dadurch auf, während die spannungsfrei geglühte Kappe heil blieb.

In ammoniakhaltiger, feuchter Atmosphäre bildet sich mit dem Kupfer des Messings Kupfer-II-Tetraminhydroxyd, $Cu(NH_3)_4(OH)_2$, das Spannungsrißkorrosion auslöst. Ammoniak kann deshalb nur wirken, wenn Feuchtigkeit und Sauerstoff anwesend sind [*21*].

Das Mikrobild in Abb. 76 zeigt überwiegend interkristalline Risse in einem durch Spannungsrißkorrosion zerstörten Messingkontakt eines Schalters. Die U-förmigen Kontakte wurden aus gezogenem Messing Ms 63 kalt gebogen. Es fiel auf, daß Kontakte, die an den Schaltern nur festgeschraubt waren, einwandfrei arbeiteten, während eine Anzahl gleicher Kontakte, die zusätzlich noch an den Schaltern festgeklebt waren, nach einiger Zeit brachen.

Innere Spannungen wurden in sämtlichen Kontakten bei der Herstellung erzeugt. Alle Brüche und Anrisse traten jedoch nur in den geklebten Kontakten auf und zwar nur in dem Bereich, wo das Messing mit dem Klebstoff in Berührung kam. Es muß daher angenommen werden, daß der Klebstoff im frischen, noch nicht erhärteten Zustande die Spannungskorrosion ausgelöst hat. Bestärkt wird diese Annahme durch die Tatsache, daß die Teile der gebrochenen Kontakte, die nicht mit der Klebemasse in Berührung gekommen waren, sich stark verformen ließen, ohne aufzureißen, ebenso wie nicht geklebte Kontakte, die aus anderen Schaltern ausgebaut wurden.

Kondensatorrohre aus Messing, die nicht frei von inneren oder äußeren Zugspannungen sind, können in ammoniakhaltigem Kühlwasser oder Ammoniak, das zur Neutralisierung bewußt dem Dampf zugesetzt wurde, durch Spannungsrißkorrosion zerstört werden.

Praktische Erfahrung hat gelehrt, daß die Quecksilbernitratprobe für die Prüfung von Kondensatorrohren aus Messing auf Spannungsfreiheit nicht immer ausreicht. Hier wird die empfindlichere Ammoniakprobe vorgezogen. Bei dieser Prüfung werden gebeizte Rohrabschnitte in einem Exsikkator 50 bis 100 mm über einer 12%igen Ammoniaklösung gelagert. Wenn sich nach 48 Stunden keine Risse zeigen, gelten die Rohre für die Praxis als unempfindlich gegen Spannungsrißkorrosion durch Fertigungsrestspannungen [*8*].

Spannungsrißkorrosion kann verhindert werden, wenn man entweder das korrosive Medium fernhält (z. B. durch Anstrich) oder besser die inneren Zugspannungen durch eine Glühbehandlung beseitigt. Wenn damit gerechnet werden muß, daß beim Einbau oder durch ungünstige Betriebsumstände unvermeidlich äußere statische Zugspannungen auftreten, muß ein Werkstoff benutzt werden, der gegen Spannungsrißkorrosion unempfindlich ist, wie z. B. die Kupfer-Nickel-Legierungen.

Druckspannungen gelten als ungefährlich. Es wird sogar manchmal empfohlen, Zugspannungen in Messing-Halbzeugen durch geringe Verformung (z. B. Richten) in Druckspannungen umzuformen [*7*].

Interkristalline Spannungsrißkorrosion *kohlenstoffarmer Stähle* tritt bei Kesselanlagen und an Behältern der chemischen Industrie (z. B. Laugeneindampfern) auf und ist schon lange unter dem Namen *Laugensprödigkeit* bekannt. Mit Laugensprödigkeit bei Kesseln ist besonders da zu rechnen, wo sich in Spalten, z. B. bei Nietüberlappungen, im Kesselwasser gelöste Salze anreichern können und mit Stahl in Berührung kommen, der unter inneren oder äußeren Zugspannungen steht.

Die Bezeichnung Laugensprödigkeit ist nicht ganz zutreffend, da diese Korrosion nicht nur in alkalischen, sondern auch in neutralen und sauren Lösungen auftreten kann. Außerdem ist die Versprödung nicht allgemein, sondern der Stahl bleibt dort, wo die Korngrenzen nicht angegriffen wurden, zäh [*11*].

Abb. 77 zeigt ein Stück eines *Kesselstoßes*, das längs einer Nietlochreihe vom Überlappungsspalt aus durch interkristalline Spannungsrißkorrosion zerstört wurde (Abb. 78 u. 79).

Es wird allgemein angenommen, daß feinste Eisennitridablagerungen an den Korngrenzen die Laugensprödigkeit begünstigen.[1] Danach sind alterungsempfindliche Stähle mit hohem Stickstoffgehalt (unberuhigter Thomasstahl) besonders anfällig. Die Anfälligkeit kann beseitigt werden, wenn im Stahl der Stickstoff, z. B. durch Aluminiumzusatz, zu unschädlichem Aluminiumnitrid abgebunden wird. Es

---

[1] Diese Theorie wird auf Grund umfangreicher Versuche von PARKINS [*23*] angezweifelt.

wird durch die praktische Erfahrung bestätigt, daß mit Aluminium beruhigte Stähle in vielen Fällen ausreichende Sicherheit gegen Laugensprödigkeit gezeigt haben.

Alterungsempfindliche Stähle sind immer empfindlich gegen Spannungsrißkorrosion. Alterungsbeständigkeit macht jedoch einen Stahl nicht unbedingt laugensicher [1, 11].

Besonders in der chemischen Industrie kommt es häufiger vor, daß Behälter für schwach saure oder alkalische Lösungen nur für begrenzte Zeit benötigt werden. Bei allgemein abtragender, schwacher Korrosion können in solchen

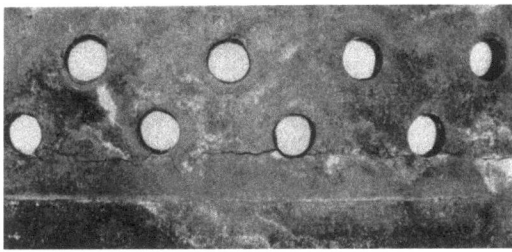

1 : 5
Abb. 77. Längs einer Nietlochreihe gerissenes Stück aus einem Kesselstoß

Fällen die billigeren unlegierten Baustähle wirtschaftlicher sein. Interkristalline Spannungsrißkorrosion würde jedoch die Behälter schon vorzeitig unbrauchbar machen. Da es noch keine vollständig laugensicheren unlegierten Baustähle gibt, muß man da, wo mit schwach sauren oder alkalischen Lösungen zu rechnen ist, aluminiumberuhigte Stähle verwenden und darauf achten, Kaltverformung und äußere Zugspannungen zu vermeiden. Etwas beständiger gegen Laugensprödigkeit sind die schwachlegierten Mangan- und Chrom-Molybdän-Stähle [1].

Bei den *hochlegierten rost- und säurebeständigen Stählen* sind hauptsächlich die austeni-

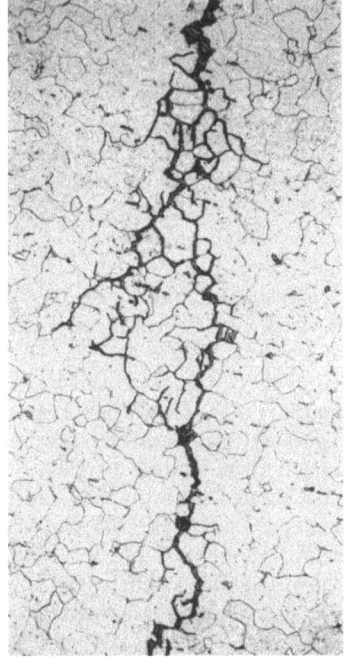
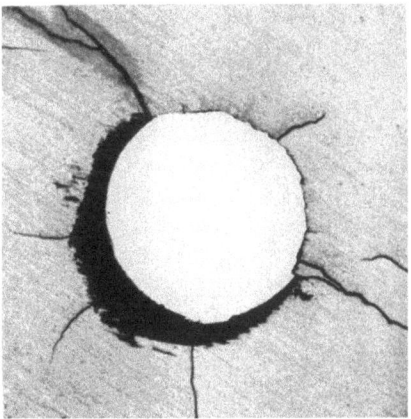

100 : 1
Abb. 78. Interkristalliner Rißverlauf im Mikroschliff durch einen Rißausläufer (Ätzmittel: 2%ige alkoholische Salpetersäure)

1 : 1
Abb. 79. Umgebung eines Nietloches, geschliffen und unter magnetischer Durchflutung aufgenommen

tischen Sorten empfindlich gegen Spannungsrißkorrosion. Der Angriff erfolgt am häufigsten durch Chlor-Ionen in wäßrigen Lösungen (Chlorid-Spannungskorrosion). Die Risse verlaufen hier überwiegend transkristallin und sind außerordentlich stark verästelt (Abb. 80). Bei höheren Temperaturen und Drücken können Sulfitionen in gleicher Weise wirken [1]. Korrosionsangriff bei Temperaturen über 600 °C neigt stärker zu interkristallinem Verlauf [26e].

Spannungsrißkorrosion durch verdünnte Laugen ist ebenfalls schon beobachtet worden (kaustische Spannungskorrosion). Gründliche Versuche wurden mit einem niobstabilisierten, austenitischen 18/12Cr-Ni-Stahl in verdünnter Natronlauge durchgeführt. Die Risse waren auch hier überwiegend transkristallin und verzweigt.

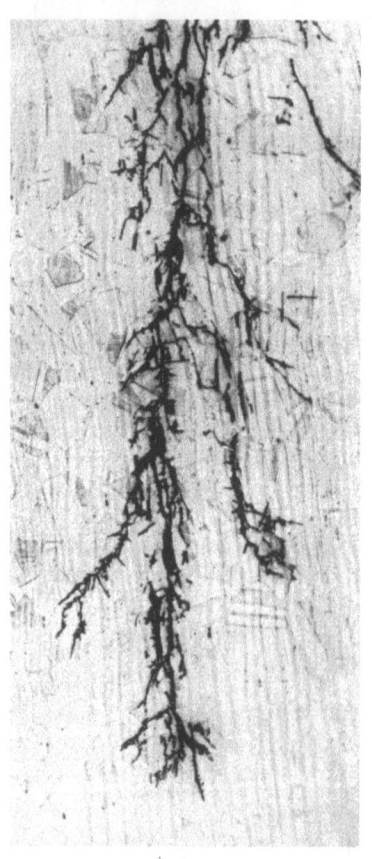

Abb. 80. Spannungsrißkorrosion in einem austenitischen Chrom-Nickel-Stahl (schwach mit V2A-Beize geätzt)   200 : 1

Im Gegensatz zur Chlorid-Spannungskorrosion kann die „kaustische" Spannungskorrosion in Abwesenheit von Sauerstoff eintreten [12]. In sehr starker, 75%iger Natronlauge ist bei höheren Temperaturen der Rißverlauf gemischt inter- und transkristallin, in 75%iger Kalilauge vollkommen interkristallin [32].

Die üblichen *austenitischen Chrom-Nickel-Stähle* sind alle empfindlich gegen Spannungsrißkorrosion, wobei sich die höher nickelhaltigen Sorten wegen ihres stabileren Austenits günstiger verhalten [11].

Verwickelt ist der Einfluß der *Kaltverformung* auf die Empfindlichkeit der austenitischen Stähle gegen Spannungsrißkorrosion. Da Kaltverformung die Stabilität des Austenits vermindert, werden die im elastisch gespannten Zustand beständigen, stabil austenitischen Stähle mit zunehmender plastischer Kaltverformung instabiler und damit anfälliger gegen Spannungsrißkorrosion [1, 11]. Schon Kaltverformung durch spanabhebende Werkzeuge oder auch Einschlagen von Zahlen und Körnern kann Spannungsrißkorrosion auslösen [29].

Bei Stählen, die knapp oberhalb der austenitischen Grenze liegen (z. B. 18% Cr, 8% Ni) und deren Austenit deshalb weniger stabil ist, wird bei Kaltverformung die Stabilität des Austenits so weit herabgesetzt, daß teilweise Martensit entsteht, der gegen abtragende Korrosion weniger beständig ist als der Austenit und dadurch den Korrosionsangriff auf sich ablenkt. Wenn das Korrosionsmittel einen Gefügebestandteil anzugreifen vermag, auch wenn der Angriff praktisch kaum zu bemerken ist, wird die Gefahr der Spannungsrißkorrosion herabgesetzt. Instabile austenitische Legierungen können deshalb durch Kaltverformung widerstandsfähiger gegen Spannungsrißkorrosion werden [11].

Wenn jedoch durch Kaltverformung Martensit in so großen Mengen entsteht, daß die Gleitebenen vollständig mit Martensit bedeckt sind, wird die Neigung zur Spannungsrißkorrosion wieder stärker. Die Risse folgen dann den Gleitebenen [1].

Unterschiedliche Gefügebestandteile, bei denen das Korrosionsmittel den einen Teil stärker angreift, sind auch die Ursache für die geringe Empfindlichkeit der austenitischen Stähle mit Ferritanteil, bei denen der Ferrit den Austenit kathodisch schützt [27]. Diese Eigenschaft (Ferriteffekt) des Ferrits und Martensits wird besonders bei scharf wirkenden Lösungen beobachtet. Der „Ferriteffekt" ist bei schwachen Lösungen, wie sie in der Praxis häufiger vorkommen, weniger wirksam. Den Stählen mit Mischgefüge und instabilem Martensit werden deshalb Chrom-Nickel-Stähle vorgezogen, die möglichst weit im Austenitgebiet liegen [1]. Bei *ferritischen Chromstählen* ist in der Praxis noch keine Spannungsrißkorrosion beobachtet worden. Sie sind jedoch wegen ihrer Neigung zur Grobkornbildung beim Schweißen und der 475°-Versprödung nicht immer als Ersatz für austenitische Chrom-Nickel-Stähle geeignet [29].

Konstruktiv kann die Gefahr der Spannungsrißkorrosion vermindert werden, wenn darauf geachtet wird, daß in der Konstruktion keine zu starken Spannungshäufungen auftreten und daß Ecken und Spalten vermieden werden, in denen sich eine sonst unter der gefährlichen Grenze liegende Lösung durch Eindicken konzentrieren kann. Auch bei Montage und Betrieb muß darauf geachtet werden, möglichst wenig statische Zugspannungen in die Konstruktion zu bringen.

Die Tatsache, daß in Druckwasser-Kernkraftwerken bei zahlreichen Teilen der Anlage *austenitische Stähle* mit heißem, chloridhaltigem Wasser in Berührung kommen, hat Versuche ausgelöst, die Chlorid-Spannungskorrosion durch Zusatz von *Hemmstoffen* (*Inhibitoren*) zum Wasser zu bekämpfen. Da zur Chlorid-Spannungskorrosion Sauerstoff nötig ist, lag es nahe, als Inhibitoren sauerstoffbindende Chemikalien wie Natriumsulfit und Natriumnitrat zu verwenden. Eine kombinierte Anwendung von Natriumsulfit und Natriumnitrat scheint besonders günstig zu sein [24].

Eine gute Schutzwirkung, sowohl in chloridhaltigen, als auch in kaustischen Lösungen wird dem Natriumhydrogenphosphat (Na_2HPO_4) zugeschrieben [32].

Versuche, die Spannungsrißkorrosion von der *Legierungsseite* her zu bekämpfen, zeigen ebenfalls schon einige Erfolge. So wurde z. B. mit DP 971 370 ein gegen Spannungsrißkorrosion beständiger, rostsicherer Cr-Ni-Stahl angemeldet.[1] Die höhere Beständigkeit dieses Stahles gegen Spannungsrißkorrosion wird hauptsächlich bewirkt durch einen Kupfergehalt im Konzentrationsbereich von 0,3 bis < 1,0% Cu.

Die Empfindlichkeit von α-Aluminiumbronze gegen Spannungsrißkorrosion in Wasserdampf oder oxydierenden sauren und ätzenden Dämpfen konnte merklich vermindert werden durch Zusätze von 0,2···0,3% Zinn oder Silber [15].

K. Spongiose

Spongiose ist eine unter Sauerstoffmangel, besonders bei erdverlegten Gußeisenleitungen, aber auch bei freiliegenden, gußeisernen Leitungen und gußeisernen Wasser- und Dampfkesseln [35] auftretende, pfropfenartige Korrosion. Ferrit und Perlit der Grundmasse des Graugusses werden selektiv aufgelöst und fortgetragen. Graphit, Phosphideutektikum und Schlacken bleiben als schwammige Masse (lat. spongiosus = schwammig) geringer Festigkeit zurück. Die äußere Form des Gußstückes bleibt dabei erhalten (Abb. 81). Diese Erscheinung wird häufig auch mit „Eisenkrebs", „Eisenschwamm", „Graphitierung", „Zersetzung des Gußeisens" bezeichnet.

Das Wesen der Spongiose ist noch nicht restlos geklärt. Als Ursache dieser Korrosionsart werden genannt: Sauerstoffmangel [17], vagabundierende Fremdströme, vor a'lem Gleichströme [25], Elementbildung durch Zusammenbau von Gußeisen mit edleren Metallen (Lokalströme), verschiedene Elektrolyte im Boden oder Grundwasser, wie saures sumpfiges Erdreich, Mineralsäuren, salzreiches Wasser

---

[1] A. G. für Unternehmungen der Eisen- und Stahlindustrie (Erfinder: CARIUS).

[25, 35, 37]. Besonders gefährdet sind Gußeisenleitungen, die durch verschiedene Bodenarten oder Grundwässer laufen [25]. In Kesselanlagen kann nicht sorgfältig genug aufbereitetes, saures Speisewasser Spongiose verursachen [35].

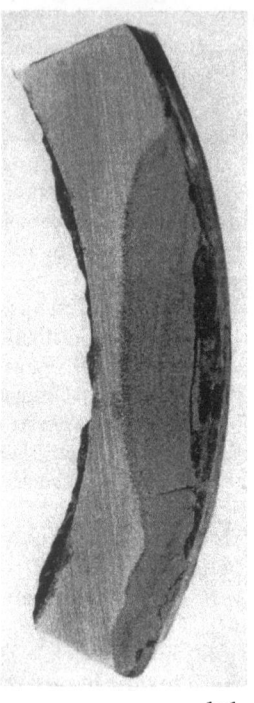

Abb. 81. Spongiose an einem gußeisernen Wasserrohr, das 60 Jahre im Erdreich gelegen hat (fein geschliffen, ungeätzt) 1:1

Als Abhilfe wird empfohlen: Belüftung bei Sauerstoffmangel [17], Verminderung der Leitfähigkeit gußeiserner Leitungen durch Einbau nichtmetallischer Dichtungen [25], Einbau von „Opferelektroden" aus unedleren Metallen" (z. B. Zink, Magnesium), die die Korrosion auf sich ablenken [25]. Fremdströme im Erdreich können durch gutleitende Drähte in tiefere Bodenschichten abgeleitet werden [25].

Die Graphitlamellen des Gußeisens wirken bei der Korrosion als lokale Kathoden. Die Spongiose schreitet deshalb um so schneller voran, je feiner der Graphit im Gußstück verteilt ist [35, 37].

Von Fachkreisen wird der Vorschlag gemacht, den Ausdruck „Spongiose" nicht mehr zu gebrauchen, mit der Begründung, daß dadurch der Eindruck erweckt wird, es handle sich hier um eine besondere Korrosionsart des Gußeisens. Stahl wird unter den gleichen Bedingungen – besonders Feuchtigkeit und Sauerstoffmangel – wesentlich schneller angefressen, er enthält nur keine Gefügebestandteile, die in schwammiger Form zurückbleiben können [17]. Vorgeschlagen werden die Bezeichnungen: „Korrosion unter Sauerstoffmangel" oder „Anaerobe Korrosion". In die Neubearbeitung des DIN-Blattes 50900 ist allerdings die Bezeichnung „Spongiose" wieder aufgenommen worden.

L. Stickstoffalterung des Stahles

Wie aus dem in Abb. 82 wiedergegebenen Teildiagramm der Eisen-Stickstoff-Legierungen ersichtlich ist, kann Eisen bei 590 °C 0,1% Stickstoff lösen [31]. Das Lösungsvermögen läßt mit sinkender Temperatur schnell nach. Bei langsamer Abkühlung aus dem Lösungsgebiet scheidet sich deshalb bei einer Eisen-Stickstoff-Legierung Stickstoff in Form von Eisennitridnadeln (Fe_4N) aus.

Abb. 83 zeigt das Mikrogefüge eines überfrischten Thomasstahles. Durch zu langes Blasen hat der Stahl besonders viel Stickstoff aufgenommen, der nach der Abkühlung in Form von Eisennitrid-Nadeln im Gefüge erscheint. Der Kohlenstoff ist durch das zu große Angebot an Luftsauerstoff (Überblasen) vollständig verbrannt. Bei den schwarzen Flecken handelt es sich um oxydische Schlacken.

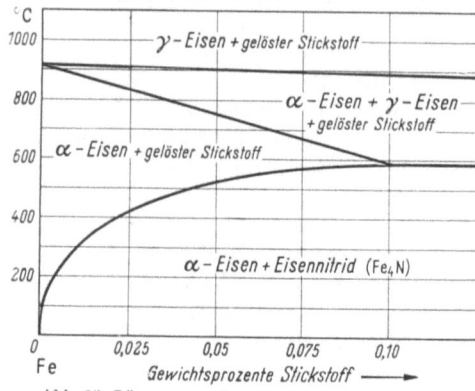

Abb. 82. Lösungsvermögen des α-Eisens für Stickstoff

Wird die Ausscheidung durch schnellere Abkühlung unterdrückt, so bleibt der Stickstoff zunächst in Zwangslösung. Die Ausscheidung wird aber allmählich nachgeholt. Da die Diffusionsmöglichkeiten bei Raumtemperatur nur gering sind, scheiden sich die Nitride in submikroskopischer Form aus. Diese sehr feinen, lichtmikroskopisch nicht sichtbaren Ausscheidungen behindern die Gleitvorgänge im Gitter stark und führen dadurch zu einer Versprödung des Eisens.

Derselbe Vorgang spielt sich auch bei der Warmformgebung von Stählen mit hohem Stickstoffgehalt ab (unberuhigter Thomasstahl mit $\sim$ 0,025% Stickstoff). In der Walz- und Schmiedehitze geht der Stickstoff in Lösung. Bei der anschließenden, verhältnismäßig schnellen Abkühlung wird die Ausscheidung des Stickstoffes als Eisennitrid teilweise unterdrückt. Der zurückgehaltene Stickstoff hat aber das Bestreben, sich aus der Zwangslösung zu befreien. Allmählich, im Laufe vieler Monate, ja Jahre, gelingt es ihm dann auch, submikroskopisch feine Eisennitridausscheidungen im Stahl zu bilden.

Störstellen im Gitter begünstigen Ausscheidungsvorgänge. In kaltverformten, stickstoffhaltigen Stählen scheiden sich deshalb Eisennitridpartikelchen bevorzugt an den sog. „Fließlinien" oder „Kraftwirkungslinien" aus; das sind Stellen, an denen bei Kaltverformung der Stahl über die Fließgrenze hinaus beansprucht wurde.

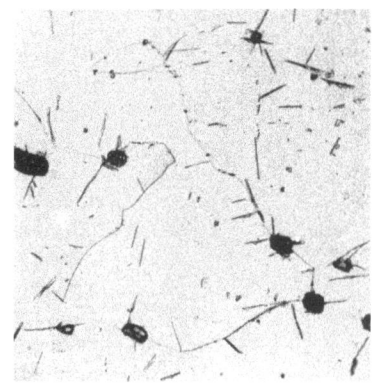

100 : 1
Abb. 83. Eisennitridnadeln in einem überfrischten Thomasstahl (Ätzmittel: 2%ige alkoholische Salpetersäure)

Das allmähliche Nachlassen der Zähigkeit durch Ausscheidungsvorgänge wird *Alterung* genannt. Tritt die Alterung nach langer Zeit bei Raum- oder Außentemperatur ein, spricht man von „natürlicher Alterung". Bewußt durch Erwärmung (200···300 °C) beschleunigte Alterung wird „künstliche Alterung" genannt.

Durch das Ätzmittel nach FRY, das besonders stark auf die submikroskopischen Eisennitridausscheidungen anspricht, lassen sich die Kraftwirkungslinien in kaltverformten, gealterten Stählen sichtbar machen (Abb. 84).

Ein *Beispiel aus der Praxis* soll den schädlichen Einfluß der Stickstoffalterung veranschaulichen.

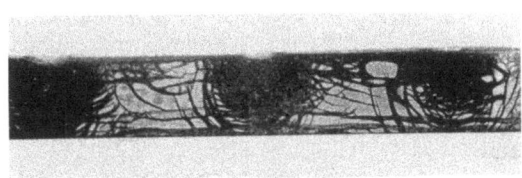

1 : 1
Abb. 84. Durch Kugeleindrücke verformter alterungsempfindlicher Stahl. Nach der Verformung 1 Stunde bei 250 °C künstlich gealtert und mit dem Ätzmittel nach FRY geätzt

Eine Ätzung nach FRY an einem Längsschliff aus einem gebrochenen Gerüstbügel zeigte deutlich Kraftwirkungslinien (Abb. 85). Da danach der Verdacht vorlag, daß starke Versprödung des alterungsempfindlichen Stahles die Bruchursache war, wurden zwei Kerbschlagproben angefertigt und zwar eine aus dem Anlieferungszustand und eine aus einem vorher normalgeglühten Stück des Gerüstbügels. Die Ergebnisse der Kerbschlagversuche zeigen deutlich die große Sprödigkeit der unbehandelten gegenüber der normalisierten Probe, bei der der Stickstoff wieder in Lösung gegangen war.

Die Kerbschlagzähigkeit betrug
bei der Probe im Anlieferungszustand: $a_k = 3{,}9$ mkp/cm²,
bei der normalgeglühten Probe: $a_k = 11{,}4$ mkp/cm².

Der Bruch des Gerüstbügels kann daher auf Versprödung durch Kaltverformung, entweder bei der Herstellung oder im Betrieb und natürliche Alterung zurückgeführt werden.

Stähle mit hohem Stickstoffgehalt können durch *Aluminiumzusatz* gegen Alterung unempfindlich gemacht werden. Das Aluminium verbindet sich leichter mit Stickstoff als das Eisen. Es treten deshalb nicht mehr Eisennitride, sondern schwerlösliche Aluminiumnitride (AlN) auf. Die Aluminiumnitride haben, ähnlich wie die mikroskopisch sichtbar ausgeschiedenen Eisennitride, keinen nennenswerten nachteiligen Einfluß auf die Zähigkeit des Stahles. Durch die keimbildende Wirkung der Aluminiumnitride wird mit Aluminium behandelter Stahl gleichzeitig feinkörnig (Si-Al-beruhigter Feinkornstahl).

Aluminiumbehandelte Stähle sind jedoch nur dann alterungsbeständig und feinkörnig, wenn darauf geachtet wird, daß die Bedingungen für die Bildung stabiler Aluminiumnitride auch vorliegen. Wenn solche Stähle über 1000 °C erhitzt werden, gehen die Aluminiumnitride in Lösung. Läßt man dem Stahl bei der Abkühlung nicht genügend Zeit, wieder Aluminiumnitride zu bilden, so wird er alterungsempfindlich und grobkörnig [*11*].

Durch die immer häufigere Anwendung des Sauerstoffblasens werden Konverterstähle mit hohem Stickstoffgehalt seltener werden, so daß in Zukunft mit Schäden durch Stickstoffalterung nicht mehr so häufig zu rechnen ist.

Alterung muß nicht immer nachteilig sein, wie die eben beschriebene Stickstoffalterung des Stahles. In vielen Fällen werden bestimmte Legierungen bewußt gealtert (ausgelagert), um bessere Festigkeitseigenschaften hervorzurufen, wie aushärtende Aluminiumlegierungen, Beryllium-Bronze, Kupfer-Chrom- und Kupfer-Nickel-Silizium-Legierungen und auch eigens für diesen Zweck hergestellte Stähle, z. B. die ausscheidungshärtenden korrosionsbeständigen Stähle 17-4 PH und 17-7 PH.[1]

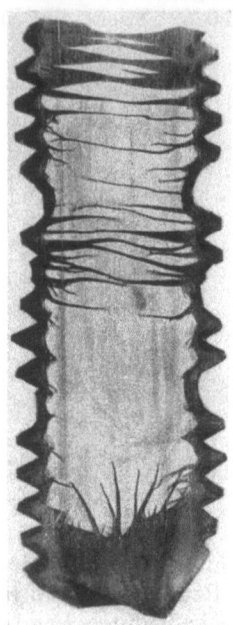

Abb. 85. Kraftwirkungslinien in einem Längsschliff aus einem gebrochenen Gerüstbügel aus alterungsempfindlichem Stahl (Ätzmittel nach FRY)   1 : 1

M. Wärmespannungsrisse

Abb. 86 zeigt eine feuerseitig stark rissige Probe aus dem Flammrohr eines Kessels. Im ungeätzten Querschliff (Abb. 87) ist bei schwacher Vergrößerung deutlich die typisch keilförmige Ausbildung der Risse zu erkennen.

Der Schliff wurde anschließend mit 2%iger alkoholischer Salpetersäure geätzt, um das Mikrogefüge sichtbar zu machen. Abb. 88 zeigt bei stärkerer Vergrößerung das Mikrogefüge in der Nähe eines der keilförmigen Risse und Abb. 89 die dem Riß gegenüberliegende wasserseitige Stelle des Flammrohres.

Es ist deutlich zu erkennen, daß der ursprünglich lamellare Zementit des Perlits feuerseitig in kugligen Zementit umgewandelt wurde (Abb. 88). Dieses Gefüge deutet darauf hin, daß die Feuerseite der Rohrwand hier Temperaturen um 700 °C angenommen hatte.

Wasserseitig zeigte das Rohr normales, ferritisch-perlitisches Gefüge (Abb. 89), das vermutlich schon beim Einbau des Rohres vorhanden war.

Zwischen der Feuerseite und der Wasserseite der etwa 16 mm dicken Rohrwand hat danach im Betrieb ein außerordentlicher Temperaturunterschied geherrscht,

---

[1] Amerikanische Stähle, PH = precipitation hardening = ausscheidungshärtend.

durch den feuerseitig bei der behinderten Wärmedehnung das Material gestaucht wurde. Wenn der Kessel abgestellt wird und das Flammrohr abkühlt, treten in dieser Zone, die fest mit der äußeren Zone verbunden ist, Zugspannungen auf, die das Blech, vor allem bei öfterer Wiederholung des Vorganges, keilförmig aufreißen.

Schäden dieser Art treten leicht bei schlechter Flammenführung auf, wenn eine Stelle des Flammrohres von einem scharfen Flammenstrahl getroffen wird. Häufig ist dies der Fall, wenn Kessel von Kohlefeuerung

1 : 1
Abb. 86. Wärmespannungsrisse in einer Probe aus einem Flammrohr

20 : 1
Abb. 87. Ungeätzter Querschliff durch feinere Risse

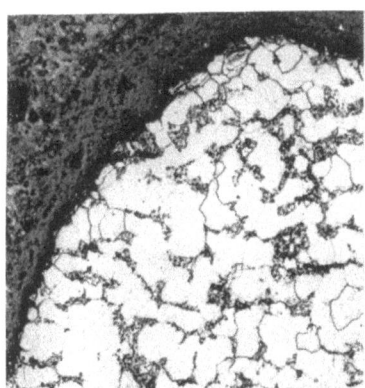

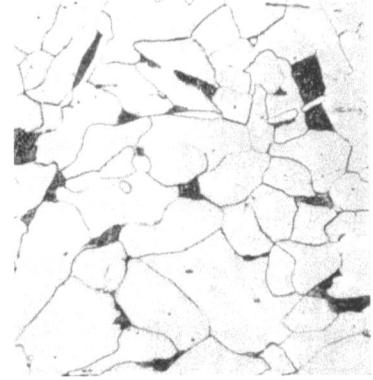

200 : 1
Abb. 88. Mikrogefüge der feuerbeaufschlagten Seite des Flammrohres in der Umgebung eines Keilrisses (Ätzmittel: 2%ige alkoholische Salpetersäure)

200 : 1
Abb. 89. Mikrogefüge der Wasserseite des Flammrohres (Ätzmittel: 2%ige alkoholische Salpetersäure)

auf Ölfeuerung umgestellt werden und nicht durch sachgemäßen Umbau des Brenners für eine weiche Flammenführung gesorgt wird. Auch bei dickwandigen Hochdruck-Kesselarmaturen sind bei unsachgemäßem Anfahren und Abstellen der Kessel derartige Schäden beobachtet worden.

N. Wasserstoffkrankheit des Kupfers

Im flüssigen Kupfer gelöster Sauerstoff bildet mit dem Metall bei der Erstarrung die intermetallische Verbindung Kupferoxydul (Cu_2O). Die Beziehungen zwischen Kupfer und Kupferoxydul sind in Abb. 90 wiedergegeben. Das vereinfachte Teildiagramm, bei dem die Löslichkeit des Sauerstoffs im festen Kupfer nicht berücksichtigt wurde, zeigt ein eutektisches System. Das Eutektikum liegt bei 3,45%

Kupferoxydul [*38*] und erstarrt bei 1064 °C. Es ist ein feinkörniges Gemisch aus Cu und Cu$_2$O. In untereutektischen Legierungen sind die primär ausgeschiedenen Kupferkristalle von Cu-Cu$_2$O-Eutektikum umhüllt. Im übereutektischen Zustand sind primäre, dendritisch angeordnete Cu$_2$O-Kristalle im Eutektikum eingebettet.

Bei Betrachtung mit dem Metallmikroskop erscheint Kupferoxydul im Dunkelfeld leuchtend rubinrot (Nachweis von Kupferoxydul).

Kupferoxydul ist bis zu 380 °C herab beständig, wo es in Kupferoxyd (CuO) und Kupfer zerfällt [*31*], so daß sauerstoffhaltiges Kupfer unterhalb 380 °C aus Kupfer

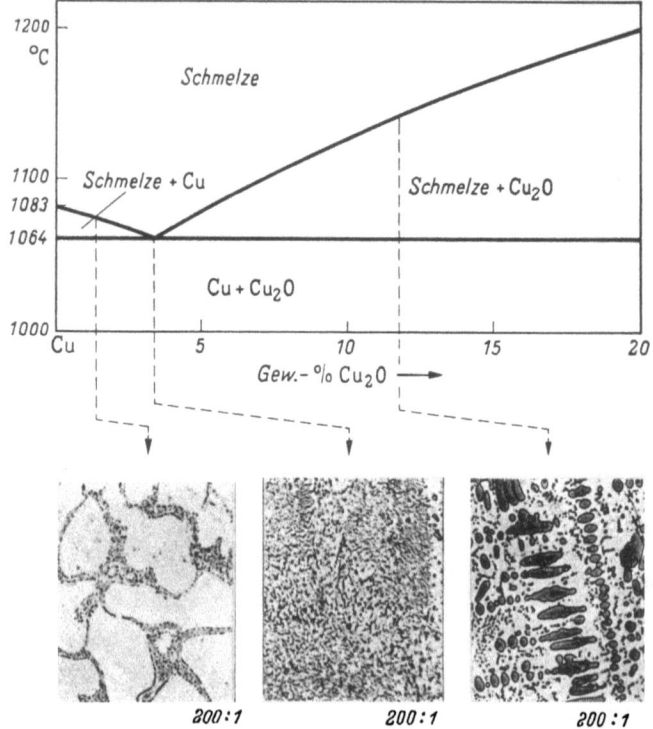

Abb. 90. Vereinfachtes Teildiagramm Kupfer-Kupferoxydul der Legierung Kupfer—Sauerstoff

und Kupferoxyd bestehen müßte. Diese Umsetzung ist jedoch nur von theoretischem Interesse, da sie außerordentlich träge verläuft und im technischen Kupfer nicht beobachtet wird.

Hüttenkupfer, das nicht durch Desoxydation (z. B. mit Phosphor) sauerstofffrei gemacht wurde, enthält stets etwas Sauerstoff in Form eines feinen Schalenwerkes aus Cu-Cu$_2$O-Eutektikum. In gewalztem und rekristallisiertem Kupfer ist das eutektische Schalenwerk zertrümmert. Das Kupferoxydul sitzt dann nicht mehr an den Korngrenzen, sondern ist in Walzrichtung orientiert, unregelmäßig im Kupfer verteilt (Abb. 91).

Beim Glühen in wasserstoffhaltiger, reduzierender Atmosphäre werden bei Temperaturen über 400 °C [*16*] Wasserstoffmoleküle aufgespalten (dissoziiert) und Wasserstoff dringt atomar [*35*] in das Kupfer ein. Da die Wasserstoffatome einen sehr kleinen Durchmesser haben, sind sie in der Lage, sich schnell im Gitter des Kupfers zu bewegen (zu diffundieren). Dabei treffen sie auf Kupferoxydulteilchen, die sie zu metallischem Kupfer reduzieren nach der Formel:

$$Cu_2O + 2H \rightarrow 2Cu + H_2O$$

Kupferoxydul + Wasserstoff → Kupfer + Wasser(-dampf)

Die Moleküle des dabei entstehenden Wasserdampfes diffundieren sehr schwerfällig [35] und vermögen nicht das Kupfer zu verlassen. Der durch die hohe Tem-

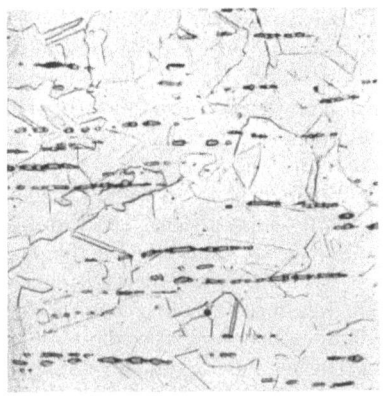

400 : 1
Abb. 91. Gewalztes und rekristallisiertes Kupfer. Kupferoxydul in Walzrichtung orientiert (Ätzmittel: Ammoniak + Wasserstoffsuperoxyd)

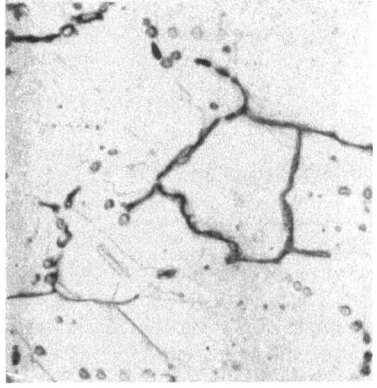

400 : 1
Abb. 92. Dieselbe Probe wie in Abb. 91 1 Stunde bei 850 °C im Wasserstoffstrom geglüht. Korngrenzen durch Wasserdampf aufgerissen (Ätzmittel: Ammoniak + Wasserstoffsuperoxyd)

peratur unter hohem Druck stehende Wasserdampf setzt sich an den Korngrenzen fest und treibt hier die Kupferkristalle auseinander. Obgleich der größte Teil der Kupferoxydulteilchen nicht mehr an den Korngrenzen sitzt, werden auch im gewalzten und rekristallisierten Kupfer die Korngrenzen aufgerissen (Abb. 92). Es handelt sich hier um dieselbe Probe wie in Abb. 91 nach einstündigem Glühen bei 850 °C im Wasserstoffstrom.

Zum metallographischen Nachweis der Wasserstoffkrankheit legt man vorteilhaft den Mikroschliff durch besonders feine Risse, weil nur hier die typischen, durch den Wasserdampf perlschnurartig aufgeblähten Korngrenzen deutlich zu erkennen sind (Abb. 93).

Wasserstoffkrankheit kann nicht nur durch falsche Flammenführung im Glühofen entstehen. Auch bei der Verarbeitung sauerstoffhaltigen Kupfers durch Löten oder Schweißen mit der Sauerstoff-Azetylenflamme oder schon beim Anwärmen zum Biegen kann Wasserstoffkrankheit auftreten, da sich bei der Verbrennung des Azetylens mit reinem Sauerstoff bei einem Mischungsverhältnis der Gase von 1 : 1 in der Schweißflammenzone Kohlenoxyd und Wasserstoff

200 : 1
Abb. 93. Perlschnurartig aufgeblähte Korngrenzen eines wasserstoffkranken Kupfers (ungeätzt)

bildet. Abb. 94 zeigt einen Schliff aus einem wasserstoffkranken Kupferrohr, das bei der Verarbeitung durch Anwärmen mit dem Schweißbrenner zerstört wurde.

Bei der Herstellung geschweißter Kupferkonstruktionen läßt sich Wasserstoffkrankheit nur dann mit Sicherheit vermeiden, wenn sauerstofffreies (desoxydiertes) Kupfer verwendet wird. Sauerstofffreies Kupfer wird in der Kurzbezeichnung nach DIN 1708 durch ein vorgestelltes S gekennzeichnet. So bedeutet z. B. SD-Cu sauerstofffreies D-Kupfer.

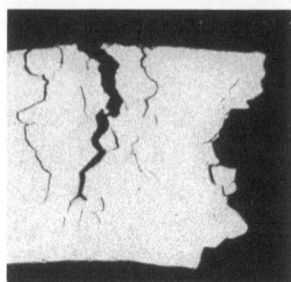

Abb. 94. Probe aus einem wasserstoffkranken Kupferrohr, das bei der Verarbeitung mit dem Schweißbrenner erwärmt wurde (ungeätzt) 10:1

Cu_2O-haltiges Kupfer wird nicht wasserstoffkrank, wenn es elektrisch unter Schutzgas (Argon) geschweißt wird. Das Kupferoxydul hat jedoch noch eine andere nachteilige Eigenschaft. Die harten Cu_2O-Teilchen verringern die Zähigkeit des Kupfers nur wenig, wenn sie nach dem Walzen, wie in Abb. 91 zu erkennen ist, nicht an den Korngrenzen sitzen. Beim Schweißen bildet sich aber in der Aufschmelzzone unmittelbar neben der Schweiße wieder der Gußzustand, bei dem das harte Cu-Cu_2O-Eutektikum die weichen Kupferkörner umhüllt. Da die Kupferkörner durch dieses harte Schalenwerk voneinander getrennt werden, kommt ihr gutes Verformungsvermögen nicht zur Wirkung. Es entsteht also dicht neben der Schweiße eine spröde Zone. Aus diesem Grunde wird auch bei elektrischer Schutzgasschweißung sauerstofffreies Kupfer vorgezogen [16].

Es sei noch darauf hingewiesen, daß sauerstofffreies Kupfer Sauerstoff aufnehmen und Kupferoxydul bilden kann, wenn mit Sauerstoff-Überschuß geschweißt wird.

Schrifttum

[1] ABC der Stahlkorrosion, Mannesmann Verkaufsgemeinschaft, Düsseldorf.

[2] BALL, F. A.: Schweißen von korrosions- und hitzebeständigen austenitischen Chrom-Nickel-Stählen. Veröffentlichung Nr. 13 des Nickel-Informationsbüros, Düsseldorf.

[3] BERNSTEIN, A.: Metallurgische Gesichtspunkte beim Schweißen rostbeständiger und hitzebeständiger Stähle. Schweißen und Schneiden 12 (1960) H. 2, S. 55–61.

[4] CLASS, I.: Stand der Kenntnisse über die Eigenschaften druckwasserstoffbeständiger Stähle. Stahl und Eisen 80 (1960) S. 1117–1135.

[5] CHRIST, R., u. R. MÜLLER: Erfahrungen und Versuche mit dem Lichtbogen-Fugenhobel-Verfahren. Industrie-Anzeiger Nr. 69 (1957).

[6] DAEVES, K.: Zustandsschaubild der unlegierten Stähle, Düsseldorf: Verlag Stahleisen 1960.

[7] Deutsches Kupfer-Institut E. V., Berlin-Charlottenburg 1956. Messing, Eigenschaften – Verarbeitung – Verwendung.

[8] EICHHORN, K.: Zur Korrosionsbeständigkeit der Kondensatorrohre und Seewasserleitungen aus Kupfer und Kupferlegierungen. Sonderdruck des Deutschen Kupferinstituts e. V.. Berlin-Charlottenburg aus ,,Werkstoffe und Korrosion" 1957, H. 8, 9 u. 11.

[9] EISENKOLB, F.: Einführung in die Werkstoffkunde Bd. III, Eisenwerkstoffe. Berlin: VEB Verlag Technik 1959.

[10] ERDMANN-JESNITZER, F. E., u. R. BOGNER: Lötbruch bei Stahl. Das Industrieblatt 1960. H. 3, S. 133–143.

[11] HOUDREMONT, E.: Handbuch der Sonderstahlkunde, 2 Bde., 3. Aufl., Berlin/Göttingen/Heidelberg: Springer 1956.

[12] HOWELLS, E.: Caustic Stress Corrosion. Corrosion Technology. Leonhard Hill Technical Group. Leonhard Hill House, London.

[13] JELLINGHAUS, W.: Gefüge- und Eigenschaftsänderungen von Gußeisen im festen Zustand. Stahl und Eisen 1960, H. 23, S. 1695–1700.

[14] KLAS, H., u. H. STEINRATH: Die Korrosion des Eisens und ihre Verhütung, Düsseldorf: Verlag Stahleisen 1956.

[15] KLEMENT, J. F., R. E. MAERSCH u. P. A. TULLY: Use of Alloy Additions to Prevent Intergranular Stress Corrosion Cracking in Aluminium Bronze. Corrosion 16 (Okt. 1960) S. 519t–522t.

[16] KÖCHER, R.: Schweißen von Kupfer und Kupferlegierungen. In ,,Die Schweißtechnik im Dienste der chemischen Industrie", Bd. 15 der Fachbuchreihe Schweißtechnik. Düsseldorf: Deutscher Verlag für Schweißtechnik 1958.

[17] KÖNIGER, A.: Spongiose als Sonderfall der normalen Korrosion des Gußeisens. Gießerei 1960, H. 5, S. 117–120.

[18] KOTHNY, E.: Stahl- und Temperguß. Werkstattbücher, H. 24. Berlin/Göttingen/Heidelberg: Springer 1953.

[19] LÜDER, E.: Handbuch der Löttechnik, Berlin: Verlag Technik 1952, S. 103–104.

[20] LUEB, H.: Kleine Werkstoffkunde für das Schweißen von Stahl und Eisen, Düsseldorf: Deutscher Verlag für Schweißtechnik 1961.

[21] NOTHING, F. W.: Korrosion, Rißbildung und Erosion an der Außenfläche von Kondensatorrohren aus Kupferlegierungen. Sonderdruck aus ,,Metall" 10 (1956) H. 11/12 u. 21/22, S. 520–523 u. 1033–1038.

[22] OBERHOFFER, P.: Das technische Eisen, Berlin/Göttingen/Heidelberg: Springer 1936.

[23] PARKINS, R. N.: Stress-Corrosion Cracking of Mild Steels. In W. D. ROBERTSEN: Stress-Corrosion Cracking and Embrittlement. New York: Wiley 1956.

[24] PHILLIPS, J. H., u. W. J. SINGLEY: Screening Test of Inhibitors to Prevent Chloride Stress Corrosion. Corrosion 15 (Sept. 1959) S. 450t–454t.

[25] PIWOWARSKY, E.: Hochwertiges Gußeisen (Grauguß). 2. Ndr. der zweiten Aufl. Berlin/Göttingen/Heidelberg: Springer 1961.

[26] RHODIN, T. N.: Physical Metallurgy of Stress Corrosion Frakture, New York/London: Interscience Publishers 1959.
 Mit Beiträgen von u. a.:
 a) HINES, J. G., u. R. W. HUGILL: Metallographic and Crystallographic Examination of Stress Corrosion Cracks in Austenitic Cr-Ni-Steels.
 b) LOGANT, H. L.: Stress Corrosion Cracking in Low Carbon Steel.
 c) NIELSEN, N. A.: The Role of Corrosion Products in Crack Propagation in Austenitic Stainless Steel.
 d) UHLIG, H. H.: New Perspectives in the Stress Corrosion Problem.
 e) PICKERING, H. W.: Stress Corrosion of Austenitic Stainless Steels by Hot Salts.

[27] ROCHA, H. J.: Techn. Mitt. Krupp. Forschungsbericht Bd. 5 (1942) S. 1–14.

[28] ROSENBERG, S. J., u. C. R. IRISH: Journal of Research of the National Bureau of Standards 48 (1952) S. 40.

[29] RUTTMANN, W., u. M. HINRICH: Korrosion insbesondere Spannungsrißkorrosion an Schweißungen von austenitischen Chrom-Nickel-Stählen. In „Die Schweißtechnik im Dienste der chemischen Industrie", Bd. 15 der Fachbuchreihe Schweißtechnik. Düsseldorf: Deutscher Verlag für Schweißtechnik 1958.

[30] SCHATZ, J.: Die metallurgischen Vorgänge zwischen Hartlot und Grundwerkstoff und Folgerungen für die lötgerechte Konstruktion. Schweißen und Schneiden 9 (1957) H. 12. S. 522–530.

[31] SCHUMANN, H.: Metallographie, Leipzig: Fachbuchverlag 1960.

[32] SNOWDEN, P. P.: Stress Corrosion of Austenitic Stainless Steel by High-Temperatur Solutions and Contaminated Steam. Iron and Steel Institute, J. 194 (Febr. 1960) S. 181–189.

[33] STRAUSS, B., H. SCHOTTKY u. J. HINÜBER: Die Karbidausscheidungen beim Glühen von nichtrostendem, unmagnetischem Chrom-Nickel-Stahl. Z. Anorg. Chem. 188 (1940) S. 309 bis 324.

[34] Technica 1958, H. 24, 25 u. 26. Rost- und säurebeständige Stähle mit Auszügen aus Referaten von E. BERG, G. LILLJEKIST u. J. BJÖRKROTH.

[35] TÖDT, F.: Korrosion und Korrosionsschutz, Berlin: de Gruyter 1955.

[36] TWELE, K. H.: Gefügeatlas der Schnellstähle. Metallkundliche Berichte Bd. 29. Berlin: Technik 1952.

[37] UHLIG, H. H.: The Corrosion Handbook, New York: Wiley & Sons und London: Chamann & Hall 1948.

[38] Werkstoffhandbuch Nichteisenmetalle, Düsseldorf: VDI-Verlag 1960.

MIX
Papier aus verantwortungsvollen Quellen
Paper from responsible sources
FSC® C105338

If you have any concerns about our products,
you can contact us on
ProductSafety@springernature.com

In case Publisher is established outside the EU,
the EU authorized representative is:
**Springer Nature Customer Service Center GmbH
Europaplatz 3, 69115 Heidelberg, Germany**

Printed by Libri Plureos GmbH
in Hamburg, Germany